U0347871

一碗
美味好汤

生活新实用编辑部 编著

江苏凤凰科学技术出版社

图书在版编目（CIP）数据

一碗美味好汤 / 生活新实用编辑部编著 . -- 南京：
江苏凤凰科学技术出版社 , 2020.5
ISBN 978-7-5713-0330-3

Ⅰ . ①一··· Ⅱ . ①生··· Ⅲ . ①汤菜 - 菜谱 Ⅳ .
① TS972.122

中国版本图书馆 CIP 数据核字 (2019) 第 095742 号

一碗美味好汤

编　　　著	生活新实用编辑部
责 任 编 辑	倪　敏
责 任 校 对	杜秋宁
责 任 监 制	方　晨

出 版 发 行	江苏凤凰科学技术出版社
出版社地址	南京市湖南路 1 号 A 楼，邮编：210009
出版社网址	http://www.pspress.cn
印　　　刷	北京博海升彩色印刷有限公司

开　　　本	718mm×1 000mm　　1/16
印　　　张	14
插　　　页	1
字　　　数	210 000
版　　　次	2020年5月第1版
印　　　次	2020年5月第1次印刷

| 标 准 书 号 | ISBN 978-7-5713-0330-3 |
| 定　　　价 | 45.00元 |

汤羹美味，
增色正好

老话儿说得好："唱戏的腔，厨子的汤。"考验厨艺从来不在于珍馐大菜，只要洗洗切切、煲熬炖煮，一碗热气腾腾的鲜汤上桌，水平高低便自见分晓。汤不仅是在厨艺场上斗智斗勇的利剑，亦是餐桌上风云争斗的一方霸主，更是食客五脏庙里常烧常旺的一把香火。食有百味，汤有千种，各色口感功效，应有尽有，纵是再挑剔的胃口，也绝对有钟情的二三。

南方人爱喝汤，几乎顿顿不离。广东的"老火靓汤"极具代表性，以陶锅煲制，时间要加倍的长；食材繁多，比例种类均巧妙搭配；其功效，最讲究阴阳调和、滋养补益，将汤味、药味、火候融于一炉，赚得街头老少欢喜。江西和湖北人喜欢煨汤，将新鲜蔬菜、肉类加水放入瓦罐中密封，再用木炭或煤炭以小火细细煨之，经过安静漫长的等待之后，诸种食材变得软烂细嫩，汤汁馥郁醇和，揭盖便有浓香扑鼻而来。云贵高原上的汤品向来清艳高冷，如清水煮活鱼，捞去浮沫，再加入姜丝、葱段和盐巴调味，保留食材最自然纯真的本性，简单朴素，却鲜美异常。

北方酷寒，人们喝汤以开胃、暖身为目的。如京菜中的酸辣汤，将竹笋、猪肚、嫩豆腐、香菇、猪里脊肉均用大刀切成细丝，一同溜入锅中，"刺啦"翻炒上色，加鸡汤熬煮成羹，酸中略带辛辣，入口滑腻，一碗下肚，周身暖气洋洋，自是胃口大开。东北地区，冬季更是漫长，家家户户都以大缸腌制酸菜，以此制出的酸菜牛肉汤频频亮相餐桌，既叫座又叫好。酸菜清爽可解油腻，牛肉大补能益脾胃、养气血，满满一碗，强身健体，喝一碗再出门，再大的风雪也不怕。

汤羹和吃客的胃口息息相关，一碗美味汤品对了胃口便是得了人心。不论是以小火煲、煨，还是用大锅炖煮，虽然五花八门，但其鲜香美味却是殊途同归。人生在世，吃喝皆有定额，从口到胃，从身到心，吃得欢欢喜喜就是正途。汤羹美味，增色正好。

浓汤一碗，酸、甜、苦、辣、咸，犹如人生，五味杂陈。

浓缩的全是精华，
人生何尝不是如此……

人生总有不如意，何不来一碗爽口清汤，安贫乐道也好。

心好汤吧！

CONTENTS
{目 录}

蘑菇聚会：
什锦鲜菇养生汤

简单但不普通：
蒜香菜花汤

第一章
元气蔬菜汤

食补药膳汤:
枸杞子鳗鱼汤

一场奇幻美妙:
上海水煮鱼汤

第二章

肉类滋补汤

美容丰胸百汤王：
木瓜排骨汤

滋阴调经的温暖关爱：
牛蒡当归鸡汤

第三章

药膳食疗汤

古田草根汤：
竹荪干贝鸡汤

爱人的呵护：
芥菜干贝鸡汤

第四章

便捷电锅汤

11

芽抽冒余湿，掩冉烟中缕：
根茎类蔬菜的选购与保存

根茎类蔬菜的特点　　简单点讲，根茎类蔬菜是指食用部分为植物的根或者茎的蔬菜，比如莲藕、萝卜、土豆、山药等。根茎类蔬菜介于粮食与蔬菜之间，比叶菜类蔬菜的淀粉含量更高，可以给人体提供较多的热量。研究表明，每100克根茎类蔬菜可以为人体提供79~100大卡的热量，而一般的蔬菜只能提供10~41大卡。根茎类蔬菜中蛋白质和矿物质的含量也相对较高，而矿物质也是人体御寒的重要物质。因此，冬季多吃胡萝卜、生姜、土豆、山药、莲藕、芋头等根茎类蔬菜，可以增强人体的御寒能力。

白萝卜

挑选白萝卜时，应选择根茎白皙细致、表皮光滑、整体有弹性、带有绿叶、掂起来分量较重的。放在冰箱里储存即可，但需分开放。

胡萝卜

挑选胡萝卜时，以色泽鲜艳、上下均匀、表面光滑、表皮没有磕伤，且心柱细、未糠心的为好。置于阴凉干燥处保存即可。

芋头

挑选芋头只要表面没有伤痕就行，同时用手在其表面按压，以检查是否有变软或空心的状况。置于干燥阴凉的地方保存即可。

山药

选择山药时，以外观完整、根须少、没有腐烂的为佳。大小相同的山药，以较重者为佳。置于阴凉通风处保存即可。

红薯

挑选红薯时，以形体完整、平滑的为佳。表面有小黑洞的红薯，内部可能已经腐烂；表皮皱皱的，则说明存放的时间较长，不新鲜。

土豆

挑选土豆时，以表皮细致有光泽、没有发芽的为佳，如果发了芽，则不宜食用。用报纸包覆好，放在阴凉通风处保存即可。

人间"仙草"是菇菌：
菇菌类蔬菜的选购

菇菌类蔬菜的特点　菇菌类蔬菜的品种很多，如香菇、草菇、金针菇、平菇等。菇菌类蔬菜的热量很低，有的每100克中仅含10～30大卡的热量，比胡萝卜的热量还低。一般来说，菇菌类蔬菜都含有丰富的矿物质、膳食纤维和维生素等营养成分，而且还普遍拥有一种十分独特的抗癌因子——多醣体，故而深受人们的青睐。但需要特别注意的是，因为菇菌类蔬菜中含有"普林"成分，所以痛风患者不宜食用，否则会使病情加重。总体上来说，一般人群均适合食用菇菌类蔬菜，尤其对于想要减肥的人士。

杏鲍菇

质量好的杏鲍菇，有种淡淡的杏仁香味，菌盖大小均匀、有光泽，菌柄颜色乳白、肉质肥厚。

香菇

香菇以菇形圆整，菌肉肥厚，菌盖下卷，菌柄短粗、坚硬，黄褐色的为佳；如果颜色发黑、表面湿润黏滑，或容易破碎，则是不新鲜的。

柳松菇

质量好的柳松菇，其菌盖光滑，呈半球形，颜色呈棕色；菌柄粗、长，内中坚实，表面有浅褐色条纹。

金针菇

挑选金针菇时，要挑选那些菌伞是半球形的、不张开的。此外，优质金针菇的颜色应该是淡黄色或黄褐色的，且特别均匀。

蘑菇

质量好的蘑菇，气味纯正清香；形状比较完整，菌柄粗短、菌盖圆整、菌盖表面光滑平展、边缘肉厚。

草菇

草菇以新鲜幼嫩、螺旋形、硬质、菌体完整、不开伞、不松身、无霉烂、无破裂、无伤痕的为佳。

无竹令人俗，无肉使人瘦：
常见肉类的选购

食用肉类的必要性 　　常见的肉类食材不外乎畜肉、禽肉以及海产品，这些食材营养丰富，能够提供人体日常所需的蛋白质和脂肪，以及必需的氨基酸、脂肪酸、矿物质和维生素等。况且肉类营养丰富、吸收率高、滋味鲜美，可烹调成多种多样为人所喜爱的菜肴，所以肉类是食用价值很高的食品。即使对于那些正在减肥的人来说，摄取一定的肉食也是必要的，因为运动会消耗大量的蛋白质和矿物质，如果没有及时补充，反而会消耗掉本身不多的肌肉，长此以往，反而不利于减肥。

畜肉、禽肉　　一般来讲，畜肉包括猪、牛、羊、兔肉等；禽肉则包括鸡、鸭、鹅肉等。

猪肉

优质的猪肉，脂肪白且硬，还带有香味，肉的外面往往有一层稍微干燥的膜，肉质紧密，富有弹性，手指按压后凹陷处立即复原。

牛肉

新鲜的牛肉肉皮无红点，肌肉有光泽、红色均匀，脂肪呈洁白色或淡黄色；不新鲜的牛肉则肉皮有红点、肉色暗淡，脂肪缺乏光泽。

羊肉

正常的羊肉有很浓的羊膻味，有添加剂的羊肉羊膻味较淡且多带有异味。一般无添加剂的羊肉呈鲜红色，有问题的羊肉呈深红色。

乌鸡

新鲜的乌鸡鸡嘴干燥，羽毛富有光泽，没有异味；乌鸡眼角膜有光泽；皮肤毛孔隆起，表面干燥而紧缩；肌肉结实，富有弹性。

鸡

健康的活鸡，羽毛紧密而油润；眼睛有神、灵活；冠挺直且颜色鲜红；两翅紧贴身体，爪壮有力，行动自如。病鸡则没有以上特征。

鸭

新鲜的鸭肉表面光滑，呈乳白色，切开后切面呈玫瑰色；不新鲜的鸭肉表面有浅红或浅黄色的轻微油脂渗出，切开后切面为暗红色。

海产品 海产品的范围非常广泛，既包括海生动物，也包括海生植物。

蛤蜊

选购蛤蜊时，可拿起轻敲，若为"砰砰"声，则蛤蜊是死的；若是较清脆的声音，则蛤蜊是活的。

虾仁

优质虾仁的表面略带青灰色，前端粗圆，后端尖细，有虾腥味，体软透明，用手指按捏弹性小。

螃蟹

壳背有光泽、肚脐凸出来的为优质螃蟹；将螃蟹翻转身来，能迅速弹转翻回的，说明活力强。

牡蛎

挑选牡蛎时，应选择个头大、手感重、不开口的。如果是野生牡蛎，那么个头会小，但极鲜美。

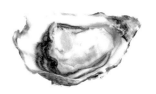

鱿鱼

优质鱿鱼一般体形完整坚实，呈粉红色、有光泽，肉肥厚、半透明，背部不红。相反的则是劣质鱿鱼。

鳗鱼

挑选鳗鱼时，以鱼身柔软、体表微黄色或青蓝色（因种类不同）、无霉斑、肌肉坚实、无异味者为佳。

鲷鱼

选购鲷鱼时，以体高侧扁，头大、口小、色彩鲜艳，鳞片完整，背鳍和臀鳍无损伤的为佳。

墨鱼

背面全白或骨上皮稍有紫色的，为质量上乘的墨鱼；背面全部深紫色或稍有红色的，为质量差的墨鱼。

丁香鱼

选购丁香鱼时，应选择如大青虾一样的青灰色的为佳，如果颜色太白，则有可能是被漂白过的。

寻坡转涧求荆芥，迈岭登山拜茯苓：
药膳汤品中药材的选购和保存

认识中药材和药膳

中药是指在中医学的理论指导下，用于预防、治疗或调节人体机能的药物。中药多为本草植物，也有动物类和矿物类的。动物类有熊胆、鹿茸、地龙等；矿物类则有磁石和龙骨等。

所谓药膳，则是指由具有治疗作用的药材、食材和调料等配制而成的膳食。一般来说，药膳可分为两类：一是单独由可食用的中药加工而成的，如炒山药、薏米粥等；二是由中药材和食材为原料，按照一定的组方加工、烹调而成的，如本书中出现的川芎白芷鱼头汤、金银花陈皮鸭汤等。在此专门介绍下本书中出现的一些中药材的选购和保存方法，以飨读者。

莲子

莲子以颗粒大、饱满、整齐者为佳。莲子不耐潮，不耐热。故莲子应保存于干爽通风处。

茯苓

茯苓以体重坚实、外皮呈褐色、皱纹深、断面白色细腻者为佳。茯苓应被密封，置于阴凉干燥处保存。

芡实

芡实以颗粒饱满均匀、断面粉性足、无碎末及皮壳者为佳。应将芡实暴晒后，带热密封保存。

灵芝

灵芝以菌盖半圆形、赤褐如漆、边缘内卷、侧生柄者为佳。灵芝应用密封的袋子包装，放在阴凉干燥处保存。

罗汉果

选购罗汉果时，以球形、褐色、果皮薄、易破、味甜者为佳。应将罗汉果置于干燥处保存，防霉、防蛀。

陈皮

选购陈皮时，应以完整、干燥的为佳。应将陈皮置于通风干燥处保存。

桂圆

桂圆以颗粒圆整、大而均匀、肉质厚者为佳。新鲜桂圆应放置于通风凉爽处保存。

党参

党参种类较多，可分为东党、西党和潞党等，其中以野生党参为最优。应将党参置于通风干燥处保存。

枸杞子

枸杞子以粒大、肉厚、色红、质柔软者为佳。应将枸杞子置于阴凉干燥处保存，防闷热、防潮、防蛀。

薏米

选购薏米时，以粒大、饱满、色白、完整者为佳。贮藏前要筛除薏米中的粉粒、碎屑，以防生虫或生霉。

黄芪

黄芪以根条粗长、质坚、粉性足、味甜者为佳；反之则较次。应将黄芪放在通风干燥处保存。

当归

当归以主根粗长、皮细、油润，质实体重、香气浓郁者为质优。当归应置于干燥、凉爽的地方保存。

玉竹

玉竹以条长、肉肥、色黄白、光泽柔润、嚼之略黏者为佳。应将玉竹置于通风干燥处保存，防霉、防蛀。

人参

人参以体长、色棕黄半透明、皮纹细密有光泽、无黄皮、无破疤者为佳。可将干透的人参用塑料袋密封，置于阴凉处保存。

百合

百合以鳞片均匀，肉厚，色黄白，质硬、脆，筋少，无黑片、油片者为佳。应将百合置于干燥通风处保存。

第一章

元气蔬菜汤

"珍珠""翡翠"一锅烩

　　说到蔬菜汤，先给大家讲个传说。朱元璋少时家贫，十几岁时，父母就死了，为了混口饭吃他便出家当了和尚。可惜不久，庙里也闹了灾荒，朱元璋被迫外出化缘。有一次，朱元璋饿昏倒在了街上，幸而被一位过路的老婆婆看见，老婆婆把家里仅有的一小块豆腐和一把菠菜，浇上剩粥煮了一碗汤，救活了他。狼吞虎咽地吃完，朱元璋觉得仿佛吃到了天上的美味，便问吃的是什么，老婆婆开玩笑地说是"珍珠翡翠白玉汤"。后来，朱元璋做了皇帝，遍尝天下佳肴，却时常会想起饥荒中那碗菜汤。怎奈，御厨们用上好的食材精心烹制却始终不得要领。最后，还是一位聪明的家乡厨师侧面了解了其中缘由，用胡萝卜条、绿菠菜叶和豆腐块入鱼骨汤熬煮，才最终使朱元璋一了夙愿。

　　这碗听着金贵，却又如此平淡无奇的"珍珠翡翠白玉汤"，在野史上可谓"声名赫赫"。朱元璋爱它、想念它，想必更多的是救命的恩情和少年时代的情愫。但在今天看来，当年老婆婆那无奈而随意的一煮，却正合蔬菜汤的要义和精髓，暖身果腹、美味营养、新鲜自然，悉数包含其中。

　　北方人爱在饭后喝汤，而南方人则爱在饭前喝汤；夏天喝汤为了开胃，冬季喝汤则为了暖身。无论哪种情境，菜、饭、汤俱全才算是完整的一餐。尤其在讲求健康的现代社会，蔬菜汤当真值得成为餐桌上的宠儿。麻辣蔬菜汤最适宜在寒冷时节来上满满一碗，各式新鲜蔬菜口感丰富、层次分明，一碗下肚便从口头暖到胃底；稀松平常的菠菜蛋花汤以其简单快手而备受青睐，它那清新鲜嫩的品质，虽然看起来不起眼，却最能解渴去腻；红薯香菇汤除了咸甜鲜美本身的滋味，还能消饿去饥，吃下几块红薯和山药，饿嗝也就去了一半，既可解馋又能管饱。

　　别看简简单单的一把青菜、两个土豆、几朵西蓝花，看似漫不经意的食材最怕精心搭配。从营养上来说，蔬菜可提供人体必需的多种维生素和

矿物质，是人们日常饮食必不可少的食物之一。既有的营养如何最大程度的发挥？这就是做菜人面临的考验了。在中国传统医学上，蔬菜有"五色"之说，指的是蔬菜本身"赤、青、黄、白、黑"五种颜色，分别对应作用和影响人体的"心、肝、脾、肺、肾"五脏。一碗囊括五色蔬菜的汤品，营养价值自然也非同一般。五行蔬菜汤、玉米蔬菜汤、韩式土豆汤就是集齐赤、青、黄、白、黑五色蔬菜调理五脏、滋补身心。

一碗好汤若要在食客的眼底、口头和心间多些停留，鲜美自然是唯一法宝。选用最新鲜的食材，如青翠欲滴的绿叶菜、鲜红诱人的西红柿、馥郁芳香的各式菌菇，加上或浓或淡的高汤、清水，再配以甜美鲜香的奶油、咖喱，以大火煮沸，小火轻炖，单纯的洗洗切切，保留食材最自然的纯真，便是一道汤羹得以鲜美的不二法门了。蔬菜汤天然就是这样，不费吹灰之力便抵达了最高境界。只考验用心，无须精湛的技艺，如此烹调而出的菜肴想来就是我们常说的"四两拨千斤"。

新鲜的蔬菜汤确实值得在厨房的一方天地里撸胳膊、挽袖子施展拳脚；确实值得在餐桌边从几分钟到数小时的焦渴等待；确实值得口舌和胃多些挑剔。然后，一碗热气腾腾换来十足满意。新鲜的蔬菜汤就像朱元璋少年时喝过的那一碗简单的"珍珠翡翠白玉汤"，不带一点讨好和功利气质，平易近人却又万分迷人，总是让人念念不忘。

蔬菜汤如此讨人喜爱，就和它谈一场执意的、奋不顾身的恋爱吧。什么土豆啦、圆白菜啦、甜椒啦、西红柿啦、西蓝花啦、胡萝卜啦，都一股脑儿地爱上它们，爱上它们在汤锅中诚意十足的沸腾翻滚。

五行蔬菜汤

《黄帝内经》记载，若要身体康健、延年益寿，人要食五色、五味之食，做到五行合一，身体才聚天地之气。这道五行蔬菜汤就是遵循此理而来。西蓝花为青，胡萝卜为红，南瓜为黄，白萝卜为白，香菇为黑，分别代表木、火、土、金、水五行。五行、五色、五味巧妙搭配，是汤品类中滋养身心、调理补气的不二之选。

材料 Ingredient

南瓜	150克
白萝卜	150克
西蓝花	100克
西红柿	80克
鲜香菇	80克
水	1200毫升

调料 Seasoning

盐	1大匙
香油	1/2小匙

做法 Recipe

1. 将南瓜、白萝卜、西红柿均洗净，去皮，切块；西蓝花洗净，去梗，切小朵；鲜香菇洗净，菌伞上划十字，备用。

2. 取一锅，倒入水煮沸，放入南瓜块、白萝卜块、西红柿块和鲜香菇，转小火，盖上锅盖煮20分钟。

3. 放入西蓝花续煮5分钟，最后加入盐和香油拌匀即可。

小贴士 Tips

+ 西蓝花煮久了口感会变软，颜色也会变黄，色、香、味都会大打折扣，因此要最后再下锅，这样煮出来的汤品既能保持西蓝花的翠绿，又能保持最佳的口感。

食材特点 Characteristics

南瓜：含有丰富的类胡萝卜素，在人体内可转化成维生素A，从而对维持正常视觉、促进骨骼的发育具有重要作用。

白萝卜：具有清热生津、凉血止血、下气宽中、消食化滞、开胃健脾、顺气化痰的功效，除此以外，还富含维生素C，具有一定的美白作用。

爱憎分明：

红白萝卜草菇汤

这道汤品简单而味美，可谓浑然天成。草菇鲜香微腻，胡萝卜、白萝卜清爽可口，随意一搭，就搭出了风味、搭出了情怀。萝卜和草菇这两个食材界的宠儿，本身就具有难以形容的特殊气质，喜欢的人"爱不停口"，不喜欢的人"望而却之"，爱憎分明莫过于此。且萝卜和草菇都具有排毒理气、健脾开胃的功效，既有仙气，又接地气。

材料 Ingredient

胡萝卜	60克
白萝卜	60克
罐头草菇	40克
(或新鲜草菇)	
水	1200毫升

调料 Seasoning

盐	1小匙
白胡椒粉	适量
香油	1小匙

做法 Recipe

1. 将胡萝卜、白萝卜均洗净，去皮，切块备用。

2. 将罐头草菇沥除水分，备用。

3. 取一锅，倒入水煮沸，放入胡萝卜块、白萝卜块和罐头草菇，转小火，盖上锅盖焖煮20分钟。

4. 加入盐、白胡椒粉，倒入香油并搅拌均匀即可。

小贴士 Tips

+ 这道汤品通常是使用罐头草菇来当作材料，罐头草菇带有一股特殊的味道，使这道汤具有独特风味。如果不喜欢也可以换成新鲜草菇，此外还可以加入排骨酥，一起熬煮更入味！

食材特点 Characteristics

胡萝卜：有治疗夜盲症、保护呼吸道和促进儿童生长等功能。此外，胡萝卜还含有较多的钙、磷、铁等矿物质。

草菇：起源于中国，是世界上第三大栽培食用菌，其形肥大、肉厚、柄短、口感爽滑，味道极美，故又有"兰花菇""美味包脚菇"之称。

蘑菇聚会：

什锦鲜菇养生汤

如果要推荐一款非常简单同时又超级养生的汤品，那么非这道什锦鲜菇养生汤莫属了，当然，你也可以叫它"蘑菇聚会"。选取菜市场随意可以买到的杏鲍菇、香菇、金针菇、蘑菇，再加上滋补珍品枸杞子，洗净，切好，加上二三调料，入沸水煮软，浓郁鲜美滋味便扑鼻而来。这道营养价值颇丰的简单汤品最是不容错过。

材料 Ingredient

杏鲍菇	40克
鲜香菇	40克
金针菇	20克
蘑菇	30克
姜	20克
葱段	20克
枸杞子	适量
水	800毫升

调料 Seasoning

盐	1小匙
香油	1小匙

做法 Recipe

1. 将杏鲍菇洗净，切厚片；金针菇洗净，去蒂头；蘑菇洗净，对切；姜洗净，切片备用；鲜香菇洗净，备用。

2. 将枸杞子略冲洗，用热水泡至软，备用。

3. 取一锅，倒入水煮沸，放入杏鲍菇片、金针菇、蘑菇片、鲜香菇、姜片和葱段，煮至各种菇类均变软。

4. 加入盐，倒入香油，最后撒入枸杞子即可。

小贴士 Tips

+ 既然此道汤品的主题是"蘑菇聚会"，那么也不限于上述几种菇类，还可以根据个人喜好加入蟹味菇、柳松菇等其他种类。

+ 虽然是"蘑菇聚会"，但其实也可以加入一些其他蔬菜相佐，诸如西蓝花、西红柿等，煮出的汤品五颜六色，更加赏心悦目。

食材特点 Characteristics

杏鲍菇：菌肉肥厚、质地脆嫩，特别是菌柄组织致密、结实，比菌盖更脆滑、爽口，具有杏仁的香味和如鲍鱼般的口感，所以也被称为"平菇王""干贝菇"等。

金针菇：因其菌柄细长，似金针菜，故名金针菇。金针菇能增强人体的生物活性，促进新陈代谢。另外，金针菇中的赖氨酸含量很高，具有促进儿童智力发育的功能。

美容佳品：
丝瓜汤

夏季，你若在中国农村走一遭的话，一定会被那爬满藤架和墙壁的丝瓜藤吸引，郁郁葱葱、盘枝错节，丝瓜也一直从初夏结到中秋，硕果累累。丝瓜汤是中国百姓餐桌上最普通不过的一道汤了，清热解毒、消火利尿，是夏季消暑的良品，同时也是清口解腻的极佳选择。丝瓜富含维生素C，一碗清淡的丝瓜汤绝对是美容佳品。

材料 Ingredient

丝瓜	300克
胡萝卜	10克
姜	10克
水	800毫升

调料 Seasoning

盐	1小匙
白胡椒粉	1/4小匙
香油	1小匙

做法 Recipe

1. 将丝瓜洗净，用刀轻轻刮去表皮，切成粗条，备用。

2. 将胡萝卜洗净，去皮，切粗丝；姜洗净，切粗丝，备用。

3. 取一锅，倒入水煮沸，放入丝瓜条、胡萝卜丝、姜丝煮至软烂，加入所有调料煮匀即可。

小贴士 Tips

+ 用刮的方式去除丝瓜皮，可以保持丝瓜翠绿的颜色，即使久煮也不易变黑，更能让丝瓜表皮保持脆度，煮软后不会太糊烂。

菠菜蛋花汤

相传古代皇家贵族招聘厨师，只考一道蛋炒饭就能见其真功夫。这就是我们常说的"最简单的美食往往最考验功力和诚心"，这道几分钟就能出锅上桌的菠菜蛋花汤想必也在此列。新鲜菠菜搭配蛋花，鲜嫩爽口。这样最简单的美味就是每天实实在在的生活，忙乱中偷出那么一点点惬意之情，讨得心爱之人口胃欢心，也是一种平淡的幸福。

材料 Ingredient

菠菜	70克
鸡蛋	1个
葱	5克
水	800毫升

调料 Seasoning

盐	1小匙
白糖	1/4小匙

做法 Recipe

1. 将菠菜洗净，切段；将鸡蛋打散成蛋液；葱洗净，切花备用。
2. 取一锅，倒入水煮沸，放入菠菜段煮至稍软，加入所有调料拌匀。
3. 转小火，倒入鸡蛋液后立刻熄火，撒上葱花即可。

小贴士 Tips

+ 要煮出漂亮的蛋花，千万不能在汤品滚沸的时候倒入鸡蛋液，否则蛋花会碎散。应先转小火，让汤的温度降下来再打入鸡蛋液，这样煮出的蛋花才完整。

玉米蔬菜汤

东北的大锅菜爱用玉米来增加一点甜味，在赤酱白肉之中偶尔变换一丝口味。这道以玉米为主角的汤品，配以白、红、黑、青各色蔬菜，汤汁鲜浓，清甜可口，加之绚丽的色彩，让人忍不住就想要喝上一碗。玉米本身的清甜散入汤中，新鲜蔬菜又把这浓郁稍稍冲淡，"浓妆淡抹总相宜"用在此处再恰当不过了。

材料 Ingredient

玉米	150克
白萝卜	100克
胡萝卜	50克
黑木耳	40克
上海青	60克
姜片	5克
水	800毫升

调料 Seasoning

盐	1/2小匙
胡椒粉	适量
香油	适量

做法 Recipe

❶ 将玉米洗净，切块；白萝卜、胡萝卜均洗净，去皮，切块；黑木耳洗净，切片；上海青去头、去外叶，洗净，备用。

❷ 取一锅，倒入水煮沸，放入玉米块、白萝卜、胡萝卜块、黑木耳片和姜片煮25分钟。

❸ 放入上海青以及所有调料，煮至入味即可。

小贴士 Tips

➕ 如果怕玉米煮得不够熟，也可以事先将玉米煮熟，然后切段，再放入汤中与其他蔬菜同煮。

➕ 为了汤汁更加浓郁，也可以加入高汤或者浓汤宝一类的速成品。

➕ 上海青与其他蔬菜相比更容易煮熟，所以在煮汤时要最后放，否则煮得太烂会影响口感。

食材特点 Characteristics

玉米：是主食中营养价值最高的，含有蛋白质、脂肪、胡萝卜素、核黄素、维生素等营养物质，可以预防心脏病，还能促进新陈代谢。

黑木耳：是一种营养丰富的食用菌，其含有的胶质可吸附残留在人体消化系统内的杂质及放射性物质，并将之排出体外，具有清胃涤肠、防辐射的作用。

什锦蔬菜汤

　　做菜最讲究色、香、味俱全，一道菜品红绿相间，看起来就使人食欲大增。再加上新鲜食材那条条、块块、片片的各式形状，又平添无穷趣味。在既要"吃好"又要"吃得健康"的今天，这道什锦蔬菜汤绝对健康营养又美味。在五尺餐桌这片美味佳肴必争之地，一道菜如什锦蔬菜汤般简简单单、清清爽爽，就足可傲视"群雄"了。

材料 Ingredient

胡萝卜	100克
西芹	50克
土豆	100克
西红柿	2个
西蓝花	100克
洋葱	50克
水	700毫升

调料 Seasoning

盐	1/2小匙

做法 Recipe

① 将胡萝卜、西芹和土豆均洗净，去皮，切丁备用。

② 将西红柿洗净，切滚刀块；洋葱洗净，切丁；西蓝花洗净，切小块，备用。

③ 取一锅，烧热，倒入1大匙色拉油，放入洋葱丁、胡萝卜丁、土豆丁和西芹丁，以小火拌炒5分钟后倒入汤锅中。

④ 倒入水，以大火煮沸，转小火续煮10分钟，再放入西红柿块和西蓝花煮10分钟，最后加盐调味即可。

小贴士 Tips

＋ 营养丰富的什锦蔬菜汤，在清理肠胃油腻之余，还可以降血压、暖身和帮助消化吸收。

＋ 胡萝卜、西芹、土豆和洋葱较为耐煮，故一定要最先放入汤锅熬煮；西蓝花和西红柿较为软烂，所以要最后才放，否则煮得太烂会影响口感，视觉上也不好看。

食材特点 Characteristics

土豆：富含膳食纤维，食用后停留在肠道中的时间较长，更具饱腹感，并有助于体内油脂和垃圾的排出，具有一定的通便排毒作用。

西蓝花：原产于地中海东部沿岸地区，有"蔬菜皇冠"的美誉。西蓝花营养丰富，含蛋白质、糖、脂肪、维生素和胡萝卜素等，营养成分位居同类蔬菜之首。

爱美人士的最爱：

西红柿蔬菜汤

这是一道颇具减肥美容功效的蔬菜汤。从西红柿到银耳，再到秋葵，这些食材无一不具有健脾开胃、滋阴解毒的功效。西红柿向来是菜肴中佐菜打底的佳品，酸甜而滋润，银耳和秋葵的口感则是脆嫩多汁、清爽宜人。巧妙搭配再加上蔬菜高汤，只消一口，那丰富的滋味便浸满口腔，层次分明又完美融合，爱美的朋友一定不能错过。

材料 Ingredient

西红柿	400克
银耳（干）	15克
秋葵	3根
水	400毫升
蔬菜高汤	200毫升

调料 Seasoning

味淋	10毫升

食材特点 Characteristics

西红柿：具有健胃消食、生津止渴等功效。其富含的番茄红素是非常好的抗氧化剂，对有害游离基的抑制作用是维生素E的10倍左右。

银耳：有"菌中之冠"的美誉。银耳既可补脾开胃，又可益气清肠、滋阴润肺。银耳还富有天然植物性胶质，长期服用可润肤。

做法 Recipe

1. 将银耳泡水至软并完全展开，洗净，切除硬蒂后，切碎备用。

2. 将秋葵洗净，放入沸水中焯烫至外观呈鲜绿色，捞出，泡入冷水中，待冷却后捞出沥干，斜切成厚约0.3厘米的片，备用。

3. 将西红柿洗净，轻轻划出十字刀纹，放入沸水中焯烫至皮翻开，捞出，待稍微降温后撕除外皮，切成月牙形块，备用。

4. 取一锅，倒入水和蔬菜高汤，放入处理好的西红柿块，以大火煮沸后，改用中小火继续煮至西红柿完全熟软，再放入银耳碎继续煮5分钟，加味淋调味，最后放入秋葵片即可。

小贴士 Tips

+ 蔬菜高汤的做法：将洋葱、西芹、胡萝卜、圆白菜、西红柿、苹果等均洗净，切成小块；然后将这些食材与适量水一起放入汤锅中，再加入月桂叶和整颗的黑胡椒粒（适量）同煮；先用大火煮沸，再改中小火续煮30分钟至溢出蔬菜香味；最后加盐调味，滤出汤汁即可。

重庆风味美食：
西红柿什锦汤

这是一道重庆风味家常素汤，酸甜可口、汤汁浓郁、滋味丰富。重庆美食向来以麻辣闻名于世，但这道汤品却不一般，它只用了一点黑胡椒加以点缀，以显"家世渊源"。去除了重口味的麻辣味道，取而代之的是鲜香酸甜、美味滋润。虽然食材用料繁多，做法稍显繁琐，但其美味绝对不会辜负做菜人的辛劳和良苦用心，非常值得一尝。

材料 Ingredient

胡萝卜	150克
土豆	150克
圆白菜	150克
西红柿	400克
玉米	100克
洋葱	40克
蒜末	10克
芹菜末	20克
水	600毫升

调料 Seasoning

无盐奶油	1大匙
番茄酱	2大匙
盐	1/4小匙
白糖	1小匙
黑胡椒粒	1/4小匙

做法 Recipe

1. 将胡萝卜、土豆均洗净，去皮，切块；圆白菜洗净，剥成小片；西红柿、玉米、洋葱均洗净，切小块备用。

2. 热一锅，加入无盐奶油，放入西红柿块、洋葱块和蒜末，以小火炒香。

3. 加入番茄酱略炒出香味；倒入水以大火煮沸，放入胡萝卜块、玉米块、土豆块和圆白菜叶，以中火煮沸后改转小火续煮20分钟。

4. 加入盐、白糖和黑胡椒粒调味，最后撒上芹菜末即可。

小贴士 Tips

+ 番茄酱的加入，使得此汤的味道更加浓郁，可谓点睛之笔。

+ 如果觉得此汤有点素的话，还可以在最后阶段打入一个鸡蛋，如此可谓荤素搭配。

食材特点 Characteristics

圆白菜：含有某种溃疡愈合因子，对溃疡有着很好的治疗作用，能加速创面愈合，是胃溃疡患者的食疗佳品。

洋葱：能刺激胃、肠及消化腺分泌，增进食欲，促进消化，可用于治疗消化不良、食欲不振和食积内停等症。

汤中麻辣烫：
麻辣蔬菜汤

一提起麻辣二字，人们大概都会想到"川菜""火锅""麻辣烫"这样的字眼。川渝地区的人们爱吃麻辣美食，最主要的原因就是当地气候湿冷，辣椒、花椒都可以帮助人体祛除体内湿气，抵御寒气。这道麻辣蔬菜汤当然也具有同样的功效。所用蔬菜多样，营养丰富，麻辣口味独特迷人，最适宜在寒冷的冬季来上一碗。

材料 Ingredient

西蓝花	100克
圆白菜	150克
红甜椒	50克
黄甜椒	50克
芹菜	80克
炸豆腐皮	150克
蒜末	20克
姜末	10克
红葱末	10克
高汤	600毫升

调料 Seasoning

调料	用量
麻辣酱	1.5大匙
白糖	1/2小匙

做法 Recipe

① 将西蓝花、圆白菜、红甜椒、黄甜椒均洗净，切小块；芹菜洗净，切小段；炸豆腐皮切小块，备用。

② 热一锅，倒入1大匙食用油，以小火爆香蒜末、姜末和红葱末。

③ 加入西蓝花块、圆白菜块、红甜椒块、黄甜椒块、芹菜段和炸豆腐皮块，翻炒至香味溢出后，加入麻辣酱炒匀，再倒入高汤煮沸，改转小火煮10分钟，最后加入白糖调味即可。

小贴士 Tips

➕ 麻辣酱绝对是这道汤品的关键所在，如不想去超市买，也可以在家自制：先起油锅将花椒粒以小火爆香，然后捞起花椒粒，油留用；把辣椒油加入锅中的花椒油中，再将姜片、朝天椒和蒜入锅煸炒至干，捞起，油留用；把粗辣椒粉倒入油中，翻炒至香味出来，再倒入沙茶酱翻炒均匀即可。

食材特点 Characteristics

甜椒：是非常适合生吃的蔬菜，富含B族维生素、维生素C和胡萝卜素，为强抗氧化剂，对白内障、心脏病均有一定疗效。

芹菜：分水芹、西芹和旱芹3种，功效相近。芹菜富含多种营养元素，尤其是其叶茎中含有芹菜苷、佛手苷内酯和挥发油，具有防治动脉粥样硬化的作用。

唇齿满留香：
白菜百叶豆腐汤

百叶豆腐是最近几年较为流行的豆制品，它发源于我国台湾地区，采用最新的豆腐制作工艺，比我们常吃的豆腐更加细嫩柔软，同时还爽口弹滑。用百叶豆腐切小块做汤，再加上新鲜的白菜，切条的咸香蛋皮，荤素搭配，美味无比。小块的百叶豆腐每个"毛孔"都吸满了汤汁，入口爽滑，轻咬即化，满口留香。

材料 Ingredient

白菜	300克
百叶豆腐	50克
鸡蛋	1个
葱段	10克
水	750毫升
葱花	适量

调料 Seasoning

盐	1/2小匙
柴鱼粉	1/4小匙
白糖	适量
胡椒粉	适量

做法 Recipe

1. 将白菜洗净，撕成大片；百叶豆腐切小块；鸡蛋打散成蛋液，备用。

2. 热一锅，加入少许食用油，倒入鸡蛋液，均匀煎成蛋皮后取出，切丝备用。

3. 原锅放入葱段爆香，倒入水煮沸，然后捞除葱段。

4. 放入白菜叶、百叶豆腐块，煮15分钟，加入盐、柴鱼粉、白糖和胡椒粉等调料拌匀，再放入蛋皮丝，最后撒上适量葱花作装饰即可。

小贴士 Tips

+ 秋冬季节，空气特别干燥，寒风对人的皮肤伤害极大。白菜中含有丰富的维生素C、维生素E，多吃白菜，可以起到很好的护肤和养颜效果。

+ 煎好的鸡蛋皮十分轻薄，所以一定要最后放，稍煮即可，否则会影响口感。

食材特点 Characteristics

白菜：是我国北方常见的蔬菜，性平味甘，有清热除烦、解渴利尿、通利肠胃的功效，经常吃白菜还可预防坏血病。

柴鱼粉：是用新鲜柴鱼肉通过熬煮、浓缩、喷雾干燥后制成的，最大特点是能溶于水。它能有效保留天然柴鱼的滋味和营养成分，味道醇厚浓郁。

红薯香菇汤

常有人把人生比作美食，酸、甜、苦、辣、咸五味杂陈，但也需得样样都经历，才是完满的人生。心酸中有幸福和满足，幸福中夹杂一丝微微的苦涩，这恐怕就是人生真正的"味道"吧。这道红薯香菇汤是甜蜜与咸香的碰撞和结合，它的灵感就是从对生活的体会中来，甜美咸香，既适宜回味往事，又适宜展望未来。

材料 Ingredient

山药	120克
红薯	250克
西芹	50克
泡发香菇	80克
鸡骨	200克
姜片	30克
水	600毫升

调料 Seasoning

米酒	2大匙
盐	1小匙
白胡椒粉	适量

做法 Recipe

1. 将山药、红薯均洗净，去皮，切滚刀块；西芹洗净，撕去粗纤维，切小段；泡发香菇去蒂头，备用。

2. 将鸡骨放入沸水中焯烫2分钟，捞起，洗净沥干，备用。

3. 取一锅，倒入水和米酒，再放入山药块、红薯块、西芹段、泡发香菇、鸡骨和姜片。

4. 盖上锅盖，以中火煮沸后转小火续煮15分钟，加入盐和白胡椒粉调味，最后捞出鸡骨即可。

小贴士 Tips

+ 红薯含有丰富的膳食纤维和微量元素，健康人群食用，能够预防糖尿病的发生。但又因为红薯中富含淀粉，所以已经患有糖尿病的人，就需要控制红薯的摄入量了。

+ 此汤是蔬菜汤品，加入的鸡骨只是辅料，可以增加此汤的鲜味，并使其口感更加浓郁爽滑。

食材特点 Characteristics

红薯：富含蛋白质、淀粉、果胶、纤维素、氨基酸、维生素及多种矿物质，能保护心脏，预防肺气肿、糖尿病，还能减肥，故有"长寿食品"的美誉。

香菇：又名花菇，富含B族维生素、维生素D原以及铁、钾等。香菇富含的多糖能增强细胞的免疫力，从而抑制癌细胞的生长。

姬松茸汤

姬松茸又叫巴西菇，是原产于巴西的一种名贵食用菌，同时也具有很强的药用价值。和其他菌类食材一样，姬松茸也有提高免疫力的功效，它淡淡的杏仁香味更是沁人心脾。用姬松茸煲汤，再加上胡萝卜、白萝卜和山药这样的滋补食材，不仅营养成分高，口感层次也更加丰富。

材料 Ingredient

干姬松茸	120克
西芹	30克
胡萝卜	70克
白萝卜	70克
山药	80克
水	1500毫升

调料 Seasoning

盐	1大匙

做法 Recipe

① 将干姬松茸洗净，泡水至软，备用。

② 将西芹洗净，去除粗纤维，切片；胡萝卜、白萝卜和山药均洗净，去皮，切块，再用热水焯烫，捞出备用。

③ 取一锅，倒入水，再放入以上所有材料，煮至材料熟透。

④ 起锅前加盐调味即可。

快食美味：

芥菜咸蛋汤

这是一道普通的家常汤品，做法简单快速，非常适合上班族。其口味独特，咸香宜人，且能清热解毒，最适合在夏季搬上餐桌。芥菜微苦，焯水之后去掉了生涩味，留下一派清香；咸蛋黄咸香流油，入锅之后，油汁化入汤中；再搭配富含多种维生素的胡萝卜和爽口耐嚼的黄花菜，口感丰富、层次分明，性价比很高。

材料 Ingredient

芥菜	80克
胡萝卜	10克
黄花菜	15克
咸蛋黄	3个
鸡蛋清	适量
水	800毫升

调料 Seasoning

盐	1小匙

做法 Recipe

① 将芥菜放入沸水中焯烫去除苦涩，捞出，切片备用。

② 将胡萝卜洗净，去皮，切片；黄花菜泡水至软；咸蛋黄压扁，切小片；鸡蛋清打散，备用。

③ 取一锅，倒入水煮沸，放入除鸡蛋清之外的所有材料煮至熟。

④ 加盐调味，最后倒入鸡蛋清即可。

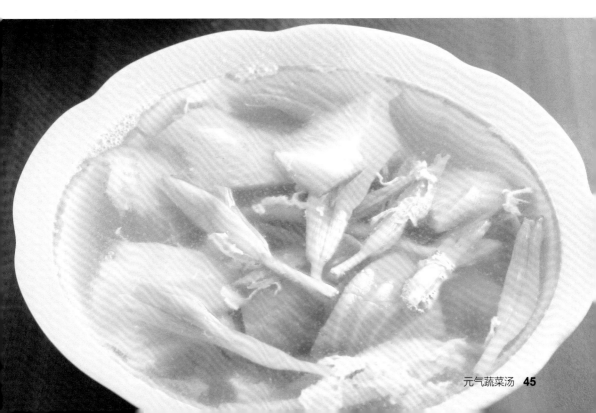

山药丝瓜养生汤

很多滋补类的养生汤都面临一个问题，那就是多喝一点容易上火。这道山药丝瓜养生汤则很巧妙地解决了这个问题，既滋补了身体，又能清热解毒，可谓一举两得。丝瓜最早是明代从南洋引进我国的，又叫"暑瓜"，从名字就可以看出其清凉祛暑的功效。丝瓜搭配当归、枸杞子等滋补药材，多喝几碗也完全没有问题。

材料 Ingredient

丝瓜	250克
山药	30克
黑木耳	10克
胡萝卜	20克
姜	15克
当归	5克
枸杞子	10克
水	1000毫升

调料 Seasoning

盐	1小匙
白糖	1/2小匙

做法 Recipe

1. 将丝瓜、山药、姜均洗净，去皮，切成细丝；黑木耳洗净，切丝；胡萝卜洗净，用汤匙刨成泥，备用；当归、枸杞子用清水略冲洗。

2. 取一锅，倒入水煮沸，放入当归和枸杞子煮15分钟，备用。

3. 取一锅，倒入适量食用油，将姜丝、胡萝卜泥入锅爆香。

4. 将爆香的姜丝和胡萝卜泥倒入准备好的药材汤中，然后放入丝瓜丝、山药丝和黑木耳丝续煮。

5. 待所有食材煮熟后，加入盐和白糖调味即可。

小贴士 Tips

+ 给山药去皮时，往往会弄得手很痒，这是因为山药的黏液里含有植物碱，山药皮里含有皂角素。解决的方法是在清洗和给山药去皮时戴上胶皮手套。

食材特点 Characteristics

丝瓜：营养丰富，且含有皂甙、木糖胶、丝瓜苦味质、瓜氨酸等特殊物质。中医认为，丝瓜能凉血、利尿、活血、通经、解毒。

姜：是一种极为重要的调味品，能刺激胃黏膜，引起血管运动中枢及交感神经的反射性兴奋，促进血液循环，振奋胃功能，达到健胃、止痛、发汗、解热的作用。

不可一日无豆：

时蔬芸豆汤

民间有句谚语："宁可一日无肉，不可一日无豆。"无论是各种新鲜的豆子，还是品种繁多的豆制品，都富含人体所需的营养元素。如果你偶尔吃腻了豆腐盛宴中的各种大菜，不妨换个花样，来份时蔬芸豆汤。将不同新鲜蔬菜搭配罐头芸豆，再加上香醇浓郁的高汤，保证你会对它"一见钟情"。

材料 Ingredient

洋葱	1/2个
土豆	2个
西芹	100克
西红柿	200克
圆白菜	200克
胡萝卜	200克
罐头芸豆	50克
蒜末	5克
西红柿原汁	300毫升
橄榄油	2大匙
水	1200毫升
月桂叶	1~2片
香芹末	适量
鸡高汤块	1小块

调料 Seasoning

盐	适量

做法 Recipe

① 将洋葱、土豆、胡萝卜均洗净，去皮，切成粗丁；罐头芸豆取出，稍微冲洗后沥干水分，备用。

② 将西红柿洗净，去蒂，切成粗丁；西芹洗净，撕除老筋，切成粗丁；圆白菜剥开叶片，洗净，切小方片，备用。

③ 热一锅，倒入橄榄油烧热，先放入蒜末以小火炒出香味，然后放入上述所有准备好的材料，以大火翻炒均匀。

④ 倒入水，放入月桂叶，以大火煮开后改用中小火续煮20分钟至材料熟软，然后加入西红柿原汁和鸡高汤块煮匀。

⑤ 加盐调味后熄火盛出，最后撒上香芹末装饰即可。

小贴士 Tips

➕ 芸豆不宜生食，夹生芸豆也不宜吃，所以在煮汤时必须将芸豆煮透才行。

食材特点 Characteristics

橄榄油：是由新鲜的油橄榄果实直接冷榨而成的，不经加热和化学处理，保留了天然营养成分，被认为是迄今所发现的最适合人体营养的油脂。

月桂叶：香气浓郁，去除肉腥味的效果极佳，是法式、地中海和印度菜中的常用调味品。需要注意的是，孕妇和哺乳期妇女须禁食月桂叶。

"鲜"漂四海：

鲜菇汤

　　鲜菇汤是菌汤里比较常见的一种，做法虽简单，但美味不减。选用多种新鲜菌类搭配青翠西蓝花，洗洗切切，入高汤中熬煮，不消一会儿，就有美味变幻而出。鲜菇汤全部的精髓就在一个"鲜"字，无论何时何地，只要尝上一口，那难以言状的美味都会长久地驻留口中，直到混合胃液彻底消逝，不负人间时光。

材料 Ingredient

鲜香菇	2朵
金针菇	50克
柳松菇	50克
蘑菇	50克
杏鲍菇	50克
西蓝花	150克
蔬菜高汤	600毫升

调料 Seasoning

海带素	6克
盐	适量

做法 Recipe

1. 将鲜香菇和金针菇均去蒂，以酒水洗净，沥干水分；再将鲜香菇切片，备用。

2. 将柳松菇和杏鲍菇均以酒水洗净，沥干水分，以手撕成长条，备用。

3. 将蘑菇以酒水洗净，沥干水分，对半切开，备用。

4. 将西蓝花洗净，撕成小朵，放入沸水中焯烫至变翠绿色，捞出，泡入冷水中，再捞起沥干，备用。

5. 取一锅，倒入蔬菜高汤，放入鲜香菇片、金针菇、柳松菇条、杏鲍菇条和蘑菇片，以大火煮沸，再改中小火煮10分钟，最后加入西蓝花和所有调料略搅拌即可。

小贴士 Tips

+ 在此汤中也可以再加入些西红柿，这样熬煮出来的汤品，颜色会更好看。

食材特点 Characteristics

柳松菇：菌盖光滑、菌柄粗长、菌褶密实，味道鲜美、质地脆嫩，含有丰富的蛋白质和氨基酸，是欧洲和东南亚地区最受欢迎的食用菇之一。

蔬食豆腐养神汤

豆腐汤在诸多菜系中均有，只是食材配比和做法有所不同。豆腐营养价值丰富，以其软烂鲜滑和低糖低脂而广受欢迎。用豆腐做汤，清爽鲜美，入口便回味无穷。这道蔬食豆腐养神汤，在使用豆腐和新鲜蔬菜之外，还特意加入了何首乌、人参须和茯苓三味中药材，以提升滋补功效，正所谓养身、养神两不误。

材料 Ingredient

莲藕	60克
土豆	40克
胡萝卜	30克
板豆腐	40克
杏鲍菇	80克
何首乌	40克
人参须	20克
茯苓	2片
水	800毫升

调料 Seasoning

盐	1大匙

做法 Recipe

① 将莲藕、土豆、胡萝卜均洗净，去皮；杏鲍菇洗净，备用。

② 将莲藕、胡萝卜均切成片；土豆、杏鲍菇均切滚刀块；板豆腐切厚片。

③ 将何首乌、人参须和茯苓用清水略冲洗。

④ 取一汤锅，倒入水煮沸，放入莲藕片、胡萝卜片和土豆块煮至熟。

⑤ 放入板豆腐片、杏鲍菇块和所有药材，以小火焖煮5~6分钟，起锅前加盐调味即可。

小贴士 Tips

➕ 体质虚弱的人不适合热补，宜选择性质温和的食材和药材来调养气血。莲藕、土豆和茯苓一起煲汤，有滋补脾胃的功效；何首乌则能安神养血，缓解头发变白、腰膝酸软等症状。

食材特点 Characteristics

板豆腐：板豆腐由人工制作而成，口感较为粗糙，但也保留了豆腐最原始的味道。其富含的卵磷脂能防止血管硬化，预防心脑血管疾病。

何首乌：又名夜交藤等，是一种多年生藤本植物，其块根肥厚、黑褐色，可入药，能安神、养血、活络、解毒、消痈，是常见的中药材。

什锦蔬菜味噌汤

　　无论是饕餮盛宴中的美味大餐，还是脍炙人口的家常小炒，或繁或简，两个极致都异常讨人欢喜。吃穿住行中，吃是最基本也是最头等的事，宜快宜慢，宜繁宜简。这道什锦蔬菜味噌汤就是"繁"的一种，多种食材和调料，加以精心烹制，让滋味在满满的热情和十足诚意的等待之中，变得更加鲜香味浓。

材料 Ingredient

牛蒡	50克
黑木耳	50克
竹笋	50克
金针菇	适量
板豆腐	1/4块
胡萝卜	20克
鲜香菇	2朵
魔芋	2片
水	500毫升
蔬菜高汤	200毫升
磨碎白芝麻	适量
海苔丝	适量

调料 Seasoning

味噌	50克
海带素	4克
米酒	15毫升
味啉	5毫升

做法 Recipe

① 将牛蒡洗净，去皮，切细丝；黑木耳洗净，去除硬蒂后切丝；竹笋洗净，切丝；金针菇去蒂，洗净后切段；胡萝卜洗净，去皮后切丝；鲜香菇洗净，切斜片；魔芋洗净，放入沸水中焯烫一下，捞出，沥干水分，切斜片备用。

② 热一锅，倒入2大匙香油烧热，放入以上所有处理好的材料，以中小火拌炒均匀，再倒入水和蔬菜高汤，以大火煮开。

③ 将板豆腐切长条，放入锅中，以中小火续煮至入味，加入海带素、米酒和味啉，再用小滤网装味噌放入锅中，边搅拌边摇晃至味噌完全融入汤中，熄火盛出，再撒上磨碎白芝麻和海苔丝即可。

五味尽在其中：
韩风辣味汤

这是一款地道的韩国料理，辣中带甜，咸脆可口。如果你平时喜欢光顾韩国餐馆，对韩式风味情有独钟，不妨跟着菜谱学着做做这道韩风辣味汤，保证你会有十足的成就感。和其他的韩国料理一样，辣味汤也非常注重食材的选择，多种新鲜蔬菜加上柔软爽滑的嫩豆腐，再配上特色泡菜，酸甜苦辣咸尽在一碗汤中。

材料 Ingredient

柳松菇	50克
金针菇	50克
土豆	200克
胡萝卜	100克
黄豆芽	100克
盒装嫩豆腐	1/2块
韩式泡菜	150克
蒜末	10克
水	1000毫升

调料 Seasoning

韩国细辣椒粉	5克
韩式风味素	10克
酱油	1大匙

做法 Recipe

1. 将柳松菇洗净，撕成小朵；土豆、胡萝卜均洗净，去皮，切块；黄豆芽洗净，备用。

2. 将嫩豆腐用汤匙挖成粗块；金针菇洗净，切成小段，备用。

3. 热一锅，倒入2大匙香油烧热，加入蒜末、韩国细辣椒粉，以小火炒出香味，再放入韩式泡菜、柳松菇、土豆块、胡萝卜块、黄豆芽拌炒均匀。

4. 倒入水，放韩式风味素、酱油和嫩豆腐块、金针菇段，改中小火续煮20分钟至材料入味即可。

小贴士 Tips

+ 要想做好这道汤品，韩式泡菜的运用是关键。韩式泡菜的吃法多种多样，可以直接食用，也可以烤着吃，只有陈年的泡菜才能用来做汤。

食材特点 Characteristics

韩式泡菜：开胃、易消化，既能提供充足的营养，又具有预防动脉硬化、降低胆固醇、消除多余脂肪等多种功效。

黄豆芽：是一种营养丰富、味道鲜美的蔬菜，含有较多的蛋白质和维生素，对脾胃湿热、大便秘结、高脂血症等有一定的食疗作用。

韩式土豆汤

温润醇厚香辣汤：

韩国料理素有"五色五味"之美誉，尤其是韩式浓汤，把"酸、甜、苦、辣、咸"和"红、白、黑、绿、黄"贯彻得淋漓尽致，凡是吃过韩式泡菜、石锅拌饭、大酱汤的人想必都会对此印象深刻。韩国人爱喝热汤，各种香醇浓郁、甜辣可口的汤品盛行于餐桌。这道韩式土豆汤就是如此这般香、辣得温润醇厚，最适合搭配精细的白米饭。

材料 Ingredient

土豆	150克
胡萝卜	60克
玉米笋	60克
青甜椒	50克
洋葱丝	40克
蒜末	10克
牛肉片	100克
水	700毫升
茴香叶	适量

调料 Seasoning

蚝油	1大匙
韩式辣椒酱	3大匙
香油	1小匙

做法 Recipe

① 将土豆、胡萝卜均洗净，去皮，切滚刀块；玉米笋、青甜椒均洗净，切小块备用。

② 将韩式辣椒酱加入50毫升水拌匀，备用。

③ 热一锅，加入2大匙食用油，以小火爆香洋葱丝和蒜末，再加入牛肉片炒至表面变白。

④ 倒入650毫升水，以大火煮沸后放入土豆块、胡萝卜块、玉米笋块和青甜椒块，再倒入蚝油和调好的辣椒酱汁，以小火续煮20分钟，关火后再加入香油调味，撒上茴香叶即可。

小贴士 Tips

✚ 此汤品中，牛肉片只是辅料，用以提味增鲜，使汤品更加浓郁。喜欢吃猪肉的朋友，也可以将牛肉片换成猪排骨，但记得不要放太多，否则就会喧宾夺主了。

食材特点 Characteristics

玉米笋：为甜玉米细小幼嫩的果穗，营养含量丰富，而且具有独特的清香，口感甜脆、鲜嫩可口。

韩式辣椒酱：是用辣椒、苹果和大蒜为原料制成的辣酱。刚做完的韩式辣椒酱呈红色，随着发酵时间越久，颜色越深，味道也越香醇。

怡红快绿：

意式西红柿蔬菜汤

如果要用言语来描述这道人见人爱的意式汤品，"清而不寡、香而不冽"八个字再恰当不过了。意式汤羹中常会用到奶油、白糖和黑胡椒粉等调料，配合新鲜清脆的蔬菜和酸甜的罐头西红柿，口感和品相便会异常丰富起来。满满的一碗端上餐桌，浓厚的异域风情随之飘散开来，顿时让人心情愉悦、心驰神往。

材料 Ingredient

胡萝卜	80克
土豆	100克
西芹	40克
圆白菜	80克
西红柿	200克
洋葱	40克
西蓝花	60克
罐头西红柿	200克
蒜末	20克
高汤	500毫升

调料 Seasoning

无盐奶油	1大匙
什锦香料	适量
盐	1/4小匙
白糖	1小匙
黑胡椒粉	1/4小匙

做法 Recipe

1. 将胡萝卜洗净，去皮，切条；西芹、圆白菜、洋葱均洗净，切长条；土豆洗净，去皮，切块；西红柿洗净，切块；西蓝花洗净，撕小朵；罐头西红柿取出，切碎备用。

2. 热一锅，加入无盐奶油，放入洋葱条、西红柿块、罐头西红柿碎和蒜末，以小火炒香。

3. 倒入高汤，以大火煮沸，放入胡萝卜条、土豆块、圆白菜条、西芹条和什锦香料，以中火再次煮沸，改转小火续煮20分钟后加入西蓝花，最后加盐、白糖和黑胡椒粉调味即可。

小贴士 Tips

+ 在意大利，意式西红柿蔬菜汤是每一位妈妈都会做的家常汤品，浓浓的西红柿汤配上法式面包是最合适的吃法。

食材特点 Characteristics

无盐奶油：奶油就是黄油，分为有盐奶油和无盐奶油两种。无盐奶油，顾名思义，就是不含盐分的奶油，一般在烘焙中使用的都是无盐奶油。

黑胡椒粉：是由黑胡椒研末而成，味道比白胡椒粉更为浓郁。将之应用于烹调上，可使菜肴达到香中带辣、美味醒胃的效果。主要用于烹制肉类和火锅。

四季四时皆是景：

意式田园汤

　　常言说"春困秋乏夏打盹"，再加上快节奏的生活和工作，现代人经常会觉得身心疲乏，打不起精神。如果你也会被这样的状态困扰，不妨在饮食上换个花样，这道十分简单的意式田园汤就是不错的选择。酸甜开胃、理气消食、营养丰富、口感香醇。饭前一碗可以充分调动食欲，饭后一碗可以消解油腻，并且四季皆宜。

材料 Ingredient

洋葱丁	5克
西芹丁	5克
胡萝卜丁	3克
圆白菜丁	20克
西红柿丁	50克
高汤	500毫升

调料 Seasoning

盐	1/4小匙

做法 Recipe

1 取一锅，倒入少许色拉油，再放入材料中的所有蔬菜丁炒香。

2 倒入高汤，以大火煮沸后转小火续煮10分钟，再放入盐拌匀即可。

简单但不普通：

蒜香菜花汤

如果你经常抱怨自己是个"厨房菜鸟"，只会用大米、小米熬粥，对其余汤品一律"无知无能"，那么这道蒜香菜花汤绝对能拯救你了。这是一道十分简单但又不普通的汤品，将蒜去皮放油锅炒至呈微褐色，美味蒜香便倾锅而出，加入菜花和胡萝卜，蒜香丝丝渗入其中，美味不可抵挡。

材料 Ingredient

菜花	300克
胡萝卜	80克
蒜	10瓣
高汤	800毫升

调料 Seasoning

盐	适量
鸡粉	8克

做法 Recipe

1. 将菜花洗净，切成小朵，放入沸水中焯烫至变色，捞出，泡入冷水中，再沥干水分备用；胡萝卜洗净，去皮，切片备用；蒜去皮，洗净。

2. 取一锅，倒入2大匙色拉油烧热，放入蒜以小火炒至表皮稍微呈褐色；加入菜花和胡萝卜片拌炒均匀，再倒入高汤以大火煮沸；改中火续煮至菜花熟软，最后加入盐和鸡粉调味即可。

西天飘来一缕奇香：

咖喱土豆浓汤

咖喱土豆浓汤是一道印度风味的家常美食。咖喱和土豆仿佛是天生的一对，相依相融，相辅相成。以小火熬煮，土豆和胡萝卜都变得软烂松腻，入口轻咬，顷刻间全部漫于嘴中。混合咖喱特有的香气和浓郁色彩，再加上青翠的西蓝花点缀其中，想来就让人食欲大增。这样的美味最适合对付挑嘴的小朋友了，保证能吃一大碗。

材料 Ingredient

土豆	150克
胡萝卜	80克
洋葱	50克
西蓝花	适量
牛奶	30毫升
水淀粉	适量
水	1200毫升

调料 Seasoning

盐	1小匙
咖喱粉	2大匙

做法 Recipe

1. 将土豆、洋葱、胡萝卜均洗净，去皮，切块；西蓝花洗净，撕小朵，备用。
2. 热一锅，倒入适量食用油，放入洋葱块炒软，再加入咖喱粉炒香。
3. 倒入水，续放入土豆块、胡萝卜块、西蓝花和盐，以大火煮沸，转小火，盖上锅盖焖煮25分钟。
4. 用水淀粉勾芡，再倒入牛奶拌匀即可。

小贴士 Tips

+ 将所有蔬菜切块、切碎，是为了减少熬煮的时间。
+ 不用咖喱粉而改用咖喱块也行，味道更浓郁。
+ 除了当作汤喝，还可以将其浇在热腾腾的白米饭上作为盖浇饭食用，小孩子一定很喜欢。

食材特点 Characteristics

牛奶：营养丰富，含有高级的脂肪，多种蛋白质、维生素、矿物质，能滋润肌肤，使皮肤光滑柔软白嫩，从而起到护肤美容的作用。

咖喱：咖喱其实不是一种香料的名称，而是"把许多香料混合在一起煮"的意思，有可能是由数种甚至数十种香料所组成。

优雅迷人法式汤：

洋葱汤

洋葱汤是一道典型的法式风味家常菜，是法国传统菜肴中的经典，做法简单，香浓味美。和其他的浓汤不同，洋葱汤不需要用大量奶油调味，一点奶油加上蒜末和洋葱翻炒就会有迷人的甜香散发出来。异常蓬松的法式面包吸满浓香的汤汁，变得柔软细腻，一口下去，汤汁在口中肆意流淌。法国美食就是如此优雅迷人。

材料 Ingredient

洋葱	500克
奶油	40克
蒜末	10克
法式面包	适量
香菜末	适量
水	800毫升

调料 Seasoning

白酒	15毫升
鸡粉	6克
盐	适量
胡椒粉	适量

做法 Recipe

1. 将洋葱洗净，去皮，切丝备用。

2. 热一锅，倒入奶油，以中小火烧至奶油融化，加入蒜末炒出香味，再加入洋葱丝慢慢翻炒至洋葱变成浅褐色。

3. 沿锅边向锅中淋入白酒，翻炒几下后倒入水，再放入盐、鸡粉和胡椒粉拌匀，然后续煮15分钟，熄火盛出。

4. 将法式面包切小丁，放入烤箱中烤至略呈黄褐色，取出撒在汤中，最后撒上适量香菜末即可。

小贴士 Tips

+ 菜谱中所指的白酒最好是白兰地，如果没有白兰地而用其他白酒，味道会差别较大。

+ 烤制法式面包时，千万不要烤焦，否则浸入汤汁后不容易入味。

食材特点 Characteristics

法式面包：因外形像一根长长的棍子，所以俗称"法棍"，是一种硬式面包。这种面包主要由小麦粉、盐、酵母和水等原料配制而成。

鸡粉：不同于鸡精，是真正含鸡肉成分的，而且功能和作用也不太一样。鸡精主要用于增加香味，而鸡粉主要用于增加鲜味。

一潭碧波：

菠菜奶油浓汤

单是看卖相，你就一定会为这道汤品那清新优雅的外表迷住，非要亲手尝试一番不可。清香艳绿的菠菜汁碰上甜香浓郁的奶油，绝对是一场美妙的爱恋。虽然烹制时需要多花些心思，但如此的美食绝对值得如此代价。在寒冷时节，来一碗新鲜甜美的浓汤，身体的毛孔就会全部打开，寒气被驱走，让人顿时感觉神清气爽、浑身舒坦。

材料 Ingredient

菠菜叶	200克
蒜末	30克
高汤	300毫升
低筋面粉	1大匙
无盐奶油	2大匙
牛奶	50毫升
鲜奶油	适量

调料 Seasoning

盐	1/4小匙
白胡椒粉	适量

做法 Recipe

1. 将菠菜叶洗净，沥干备用。

2. 热一锅，加入1大匙无盐奶油，以小火炒香蒜末后，再加入菠菜叶炒软，取出备用。

3. 将菠菜叶和高汤一同倒入榨汁机中搅打均匀。

4. 另热一锅，加入1大匙无盐奶油，放入低筋面粉，以小火炒至有香味溢出，再慢慢倒入牛奶，一边倒一边快速拌匀，以避免结块。

5. 牛奶倒完后，将打好的菠菜汤倒入其中，一同以大火煮沸，然后加入盐和白胡椒粉调味，最后淋入适量鲜奶油即可。

小贴士 Tips

+ 菠菜几乎全年都可在菜市场上买到，春季的菠菜比较短嫩，适合凉拌；秋季的菠菜比较粗大，适合做汤。挑选菠菜时，应以菜梗红短、叶子新鲜有弹性的为佳；如叶子有变色现象，则不要购买。

食材特点 Characteristics

菠菜：富含类胡萝卜素、维生素C、维生素K，以及钙、铁等矿物质，故有"营养模范生"的美誉。但大便溏薄、脾胃虚弱、肾功能虚弱者不宜多食。

低筋面粉：是指含水分13.8%、粗蛋白质8.5%以下的面粉，因为筋度弱，常用来制作口感柔软、组织疏松的蛋糕、饼干、花卷等。

美味四海遍及：
咖喱什锦蔬菜汤

"咖喱"一词来源于印度泰米尔语，原意是指"许多香料放在一起煮"，它特有的辛辣与香气可以遮住肉类的膻腥味。到现在，咖喱作为一种调味料，已经渗入到亚太地区的各种菜肴之中，不管是肉食还是蔬菜都可以用咖喱调味和增味。这道咖喱什锦蔬菜汤，就是将各种新鲜蔬菜加水和咖喱熬制而成，让人"爱不释口"。

材料 Ingredient

日式油豆腐	3块
鲜香菇	2朵
茄子	1/2个
洋葱	1/2个
红甜椒	1/3个
黄甜椒	1/3个
胡萝卜	50克
玉米笋	40克
四季豆	2根
蒜末	10克
姜末	10克
蔬菜高汤	600毫升

调料 Seasoning

咖喱粉	20克
咖喱块	20克
辣椒粉	2克

做法 Recipe

1. 将鲜香菇、玉米笋均洗净，切滚刀块；茄子洗净，去蒂，切滚刀块；洋葱、胡萝卜均洗净，去皮，切滚刀块；红甜椒、黄甜椒均洗净，去蒂、去籽，切滚刀块；日式油豆腐切滚刀块，备用。

2. 将四季豆洗净，切段，放入沸水中焯烫至变为翠绿色，捞出沥干，备用。

3. 热一锅，倒入3大匙色拉油烧热，放入蒜末、姜末炒出香味，依序放入日式油豆腐块、鲜香菇块、玉米笋块、茄子块、洋葱块、胡萝卜块、红甜椒块、黄甜椒块和辣椒粉，充分拌炒均匀。

4. 将咖喱粉加入锅中继续拌炒均匀，再倒入蔬菜高汤以大火煮开，然后改中小火续煮15分钟，放入切碎的咖喱块拌煮至完全融化，最后放入四季豆即可。

小贴士 Tips

+ 放入咖喱块后，一定要充分搅拌，以使咖喱块完全融化。

食材特点 Characteristics

茄子：吃茄子时最好不要去皮，因为茄子皮里面含有B族维生素，而B族维生素有利于人体对于维生素C的吸收。

四季豆：有调和脏腑、安养精神、益气健脾、消暑化湿的功效，但在食用时一定要煮熟，否则有可能会导致中毒。

人见人爱的西餐：

蘑菇浓汤

蘑菇浓汤是一款常见的西式汤品，和罗宋汤一样，几乎每家西餐厅的菜单上都会有其身影，非常叫卖。奶油和洋葱丁、蒜末、蘑菇片翻炒出一派香甜鲜美，沁人心脾，加入蔬菜高汤和牛奶以小火熬煮，奶香浓郁四散，汤汁入口柔滑。这样的佳肴需要用心烹制，同时也需要细细品味，如此方能体会出它贴心入胃的温暖。

材料 Ingredient

蘑菇	200克
洋葱	200克
蒜末	30克
高汤	400毫升
低筋面粉	2大匙
鲜奶油	适量
无盐奶油	2大匙
牛奶	100毫升

调料 Seasoning

盐	1/4小匙
黑胡椒粒	适量

做法 Recipe

1. 将蘑菇洗净，切片；洋葱洗净，切丁备用。

2. 热一锅，放入1大匙无盐奶油，放入洋葱丁、蒜末和蘑菇片，以小火炒至蘑菇软后取出。

3. 预留下两大匙炒好的蘑菇片，另将剩余的蘑菇片与高汤一同放入榨汁机中搅打均匀。

4. 另热一锅，放入1大匙无盐奶油，加入低筋面粉以小火炒至有香味溢出，然后慢慢倒入牛奶，一边倒一边快速拌匀，以避免结块。

5. 牛奶倒完后，将打好的蘑菇汤汁倒入奶糊中，一同以大火煮沸，加入盐和黑胡椒粒调味，最后加入预留的蘑菇片和鲜奶油拌匀即可。

小贴士 Tips

+ 如果家里没有无盐奶油，用有盐奶油代替也行，最后调味时要注意加盐量要相对减少。

食材特点 Characteristics

蒜：具有很强的抗菌消炎作用，对多种细菌和病毒均具有抑制和杀灭作用。蒜还可促进胰岛素的分泌，能迅速降低人体血糖水平。

黑胡椒：原产于印度，是人们最早食用的香料之一。黑胡椒果味辛辣，香馥味则来自其含有的胡椒碱。医学上，黑胡椒还可作为祛风药来使用。

咖喱蔬菜汤

咖喱特有的浓郁香味，搭配新鲜蔬菜，这是重口味和小清新的结合，充满了迷幻色彩。西蓝花、胡萝卜、土豆、蘑菇和玉米等五彩斑斓的蔬菜配上浓香酱黄的咖喱，又是碰撞又是融合，在汤锅中一番"较量"和"缠绵"之后，都变得温润服帖。最适宜在寒冷时节端上餐桌，既能暖心又能暖胃。

材料 Ingredient

西蓝花	30克
胡萝卜	100克
土豆	150克
西红柿	1个
蘑菇	50克
玉米	1根
洋葱丝	适量
蒜末	适量
奶油	适量
水	500毫升
牛奶	300毫升

调料 Seasoning

柴鱼酱油	1大匙
咖喱块	25克
咖喱粉	1大匙

做法 Recipe

1. 将西蓝花洗净，撕小朵，放入沸水中焯烫至变成翠绿色，捞起，泡冷水后沥干，备用。

2. 将胡萝卜、土豆均洗净，去皮，切丁；西红柿、蘑菇均洗净，切丁；玉米洗净，切段备用。

3. 取一锅，倒入少许色拉油，再加入奶油烧至融化，将蒜末、洋葱丝炒香，然后放入胡萝卜丁、土豆丁、西红柿丁、蘑菇丁和玉米段充分拌炒。

4. 加入咖喱粉拌炒均匀，倒入水，以大火煮至沸腾，倒入牛奶、柴鱼酱油和咖喱块并边煮边拌匀，最后放入西蓝花即可。

小贴士 Tips

+ 在咖喱汤中混入了柴鱼的味道，使得此汤的口感更加富于变化。

食材特点 Characteristics

蘑菇：又被称为洋菇，富含氨基酸、多糖、B族维生素和维生素C，以及在植物中极难得的锗元素，具有增强体力的功效，还能帮助人体吸收钙质。新鲜的蘑菇是白色的，但很快就会泛黄，所以挑选蘑菇时最好选表面带有一点点泥土且不要太光滑明亮的。否则，很可能是在放有增白剂的水中泡过的。

第二章

肉类滋补汤

蛤蜊冬瓜鸡汤　　蒜瓣鸡汤

鸡茸玉米浓汤　　香水椰子鸡汤

芥菜鸭架汤　　菱角鸡汤

酸菜鸭汤　　秋葵鸡丁汤

鱼与熊掌兼得

有句谚语说得好："宁可食无肉，不可饭无汤。"汤是一餐饭中必不可少的组成部分，下饭之物也非菜肴独居，汤羹亦可。川渝地区四季湿寒，当地人常说"肉管三天，汤管一切"。这句世代相传的"至理名言"可谓道出了汤品非同一般的养身滋补功效。肉与汤若二选其一，舍肉而取汤也，如此"壮士断腕"般的抉择不免让人唏嘘不已。其实，根本就不会存在使人如此两难的情况。在世间最普通的家庭厨房中，在各色美食共存的日常餐桌上，一道简单的肉食汤大可信手拈来，使"鱼与熊掌"兼得。

鲜美滋补非鸡汤莫属。鸡汤素来有"鲜味之首"的美誉。无论是"浑身是宝，肉骨皆可入药，滋阴活血，补气益身"的乌鸡；还是"肉香醇厚，蛋白质含量超高，祛风补虚，强身健体"的老母鸡；抑或是"皮薄肉紧，胶质蛋白丰富，专门应对营养不良、疲劳乏力"的土鸡，都是怎一个"鲜"字了得。无论是整鸡入锅，还是切块下水；不管是专用鸡腿，或是

只取鸡胸，只要配以各色时令的新鲜蔬菜、瓜果，以及花椒、大料、葱、姜等，不拘于甜咸，以小火轻熬慢煮，便是一锅细嫩鲜滑的营养美味。难怪人家要说，心灰意冷时来一碗"心灵鸡汤"，心痛便可散去二三；体虚神疲时，来一碗实打实的滋补鸡汤，虚寒便可尽消。

香醇营养的鸭汤也是美食江湖的宠儿。我国古代的很多医书都对鸭汤的养生功效论述颇多，《名医别录》中就称鸭肉为"妙药"和"滋补上品"，认为鸭肉熬汤有"滋五脏之阳、清虚劳之热"的功效。在民间，也有"大暑老鸭胜补药""秋食莫过鸭汤"等说法，可见鸭汤所负盛名。当然，如果只有如此的"功利性"，鸭汤也断不会收获人们这般的溢美之词。看那酥烂醇香的鸭肉、咸脆可口的鸭皮、澄清鲜美的汤汁，是每碗鸭汤共同具有的品质，说到底，好吃好喝才是关键。从一碗鸭汤可以看出，美食并不全然是"物以稀为贵"，普通的食材，简单的烹饪，也能成

就"有血有肉、内外兼修"的佳肴。

一碗鱼汤可以满足你关于鲜香温润的全部想象。美食与地域向来息息相关，那蜿蜒绵长的海岸线、条条奔流不息的大江大河、景色清新怡人的大小湖泊，在岁月的沉积中孕育了品种繁多、滋味鲜美的鱼类。不论是"健脾补气、温中暖胃"的鲢鱼，还是"补虚养血、强身健体"的鳗鱼；无论是"清热解毒、温胃止泻"的丁香鱼，还是"健脾开胃、滋阴润肺"的小银鱼，无一不是肉质细嫩鲜美，滋补温润无声。或是整鱼切块，或是只取鱼头，大火热油，葱姜爆香，煎炸去除鱼腥，再加水熬煮。不消一会儿，那一锅带着优雅迷人气质的奶白色汤品就能铿锵登场，静谧却颇具力量。

秋冬进补当首选肉汤。天气渐凉，身心对温暖的渴望都愈发强烈，这时候，最需要满满的一碗肉汤慰藉辘辘饥肠。先是囫囵半碗，再是细细咂味，吃肉吸髓，大口喝汤，想来真是人间乐事。羊肉汤或清或重，都香醇无比，开胃健身、益气补虚；牛肉汤或淡或浓，都鲜咸诱人，益气补肾、强身健体；排骨汤大火煮沸，小火慢熬，胶原蛋白和脊髓悉数散于汤中，美容养颜、补钙健骨；猪肚汤油光泛白，浓香氤氲飘散，温胃养胃、止损补虚。肉汤是最实在的美食，除去调味的花椒大料、一两味中药材，没有一丁点花枝招展的东西，低调而富有内涵。

常听人说"会吃的吃肉喝汤，不会吃的只吃肉或只喝汤"。一碗热腾腾的肉汤非要吃得盆干碗净，才是会吃无疑了。如果说蔬菜汤是青春曼妙，那肉汤就是温柔敦厚，它给予食客恰到好处的爱。温暖身心却不带多余负担，美食与爱，食物与人，如此两不辜负。

滋补珍品：
蒜瓣乌鸡汤

　　这是一道美味滋补佳肴，在各类滋补汤羹榜单上绝对能排得上名号。食材中所用的乌鸡又被称为乌骨鸡，它丰富的营养价值和药用功效人尽皆知。用乌鸡熬汤，在经过蒜炒香和小火慢炖之后，鸡肉爽滑细嫩，汤汁鲜美清香；鸡块富含的各种营养物质悉数保留，散于汤品之中，对调理身体和增强免疫力都很有效果。

材料 Ingredient

乌鸡	500克
蒜	60克
蒜苗	10克
水	850毫升

调料 Seasoning

米酒	30毫升
盐	1/2小匙

做法 Recipe

❶ 将蒜洗净，去皮；将蒜苗洗净，切斜片，备用。

❷ 将乌鸡洗净，切大块；取一锅水（材料外）煮沸，放入乌鸡块焯烫，捞出洗净，备用。

❸ 取一汤锅，放入焯烫好的乌鸡块和蒜，倒入米酒和水，将汤锅置于火上，以大火煮沸，再改小火续煮30分钟，然后加盐调味，出锅后撒上蒜苗片即可。

小贴士 Tips

✚ 也可以采用另一种做法：取一锅，烧热，放适量食用油，放入蒜炒香，再倒入水、米酒和焯烫好的乌鸡块，以小火炖煮30分钟，最后放入盐和蒜苗片即可。

鲜润美容减肥汤：
蛤蜊冬瓜鸡汤

蛤蜊、冬瓜、鸡肉三者完美搭配，搭出一个"鲜"字，更搭出一个"润"字，这道滋味鲜美的蛤蜊冬瓜鸡汤，能滋阴润燥、祛火排毒。蛤蜊性寒，低热量、高蛋白，有滋润五脏的功效；冬瓜富含膳食纤维，它本身不含脂肪且能抑制人体内的糖类转换成脂肪；鸡肉鲜美低脂，营养丰富。这三种食材在一起熬汤，美容、祛火、减肥自是不在话下。

材料 Ingredient

土鸡肉	300克
蛤蜊	150克
冬瓜	150克
姜丝	15克
水	1200毫升

调料 Seasoning

米酒	15毫升
盐	1/2茶匙
鸡粉	1/4茶匙

做法 Recipe

1. 将蛤蜊用沸水焯烫约15秒后取出，用凉水冲净，再用小刀将壳打开，将沙洗净，备用。

2. 将土鸡肉洗净，剁小块，放入沸水中焯烫去血水，捞出，用冷水冲净；将冬瓜去皮，洗净，切厚片备用。

3. 将冬瓜片、土鸡肉块和姜丝一起放入汤锅中，再倒入水，以中火煮至沸腾。

4. 待鸡汤滚沸后捞去浮沫，再转小火，倒入米酒，不盖锅盖煮30分钟至冬瓜软烂；接着放入蛤蜊，待鸡汤再度沸腾后，加入盐与鸡粉调味即可。

小贴士 Tips

+ 一定要将蛤蜊中的沙清洗干净，否则煮出来的汤品口感会很牙碜。

1-1 1-2 4-1 4-2

广东传统风味：

香水椰子鸡汤

　　香水椰子鸡汤是广东的传统风味名菜。清甜的椰子汁加上鲜嫩的鸡肉，再配上滋补的枸杞子和山药，可谓是鸡汤中的上乘佳品。很多人爱喝鸡汤以调理滋补身体，但多种补益食材一齐上阵，上火问题又迎面而来。这道椰子鸡汤用性凉的椰汁来中和滋补的火气，有效解决了难题。它清香鲜美的滋味更是让人回味无穷。

材料 Ingredient

土鸡腿肉	150克
椰子	1个
枸杞子	3克
山药	10克

调料 Seasoning

盐	1/2茶匙
鸡粉	1/4茶匙

做法 Recipe

1 拿锯刀在椰子顶部约1/5处锯开椰子壳，拿掉盖子，倒出椰子汁，备用。

2 将土鸡腿肉洗净，剁小块，放入沸水中焯烫去除血水，捞出，用冷水冲凉洗净，备用。

3 将山药去皮，洗净；枸杞子洗净，备用。

4 将土鸡腿块与枸杞子、山药一起放入椰子壳内，再将椰子汁倒回椰子壳内至约9分满，盖上椰子盖。

5 将椰子放入蒸笼中，以中火蒸1小时，取出后加入盐和鸡粉调味即可。

小贴士 Tips

➕ 将椰子放入蒸笼中时，应将椰子放在碗上摆正，以免倾倒。

姿色甜美惹人怜：

鸡茸玉米浓汤

　　大凡如此姿色可人、香甜可口的浓汤都有治愈的功效，它总会让人想起寒冷冬日里的火炉或是美人的低眉浅笑，还未及喝进嘴里，就身心温暖，满目欢喜了。用香甜的玉米酱搭配鲜嫩的鸡胸肉，加上营养丰富的大骨高汤和林林总总的各种调料，甜咸相宜，口感适中，美味浓郁又清爽可口。

材料 Ingredient

玉米酱（罐头）	1罐
鸡胸肉	35克
鸡蛋	1个
香菜	适量
牛奶	50毫升
大骨高汤	200毫升

调料 Seasoning

盐	1/4小匙
白糖	1小匙
白胡椒粉	1/4小匙
水淀粉	1大匙
香油	1小匙

做法 Recipe

1 将鸡胸肉洗净，剁碎；将鸡蛋打散成蛋液，备用；香菜洗净，备用。

2 取一锅，倒入大骨高汤后，再倒入玉米酱，煮至沸腾后转小火，加入盐、白糖和白胡椒粉拌匀。

3 再加入鸡胸肉末搅散，煮至鸡胸肉末全熟，再用水淀粉勾薄芡。

4 倒入牛奶拌匀后关火，淋入蛋液略拌匀，再淋上香油、撒上香菜即可。

小贴士 Tips

➕ 将鸡胸肉去骨剔筋，平放在案板上，斜用刀锋一丝丝地剁成细鸡茸。

➕ 如果买不到玉米酱罐头，也可以用新鲜的玉米棒，将其煮熟，剥下玉米粒，然后用刀剁碎即可。

食材特点 Characteristics

鸡蛋：含有大量的维生素和矿物质，并含有高质量的蛋白质。中医认为，鸡蛋能补肺养血、滋阴润燥，可用于气血不足、胎动不安等，能够扶助正气。

白胡椒粉：由白胡椒研末而成。白胡椒的药用价值稍高一些，调味作用稍次，它的味道相对黑胡椒来说更为辛辣，因此散寒、健胃的功能更强。

相宜相融可相惜：
秋葵鸡丁汤

　　秋葵鸡丁汤是一道颇具南方特色的美味汤品。南方人爱在饭前喝汤，一碗鲜美汤品下肚，能使人身心俱暖，胃口大开。如此一来，煮汤便首选清爽可口、脆嫩多汁的蔬菜搭配鲜嫩肉类。秋葵和鸡胸肉两种食材恰好满足了这种需求。秋葵中所含的胶质具有特殊的保健功效，溶解在鲜美鸡汤之中，非常滋补且美味无穷。

材料 Ingredient

秋葵	8个
鸡胸肉	120克
姜丝	20克
水	400毫升

调料 Seasoning

盐	适量

做法 Recipe

❶ 将秋葵洗净，去蒂，切薄片，备用。

❷ 将鸡胸肉洗净，放入沸水中略焯烫去除血水，取出切小丁。

❸ 取一锅，倒入水煮沸后，放入鸡胸肉丁和姜丝，待鸡胸肉熟后，再放入秋葵片和盐拌匀即可。

秋令特色：

菱角鸡汤

　　"夜市卖菱藕，秋船载绮罗。"大概生活在江南水乡的人都会对这句诗大有感触，飘飘摇摇仿佛回到了菱藕丰收那摇曳多姿的时节，一派甜美景象。菱角皮脆肉嫩，可生食，亦可熟食，它含有丰富的蛋白质、多种维生素和微量元素，有"养生之果"的美誉。用菱角肉加上鲜嫩鸡块煮汤，汤汁鲜美，称得上是秋令特色名肴。

材料 Ingredient

土鸡肉	300克
菱角肉	100克
枸杞子	5克
姜丝	15克
水	1200毫升

调料 Seasoning

米酒	适量
盐	1/2茶匙
鸡粉	1/4茶匙

做法 Recipe

❶ 将土鸡肉洗净，剁小块，放入沸水中焯烫去除血水，捞出，用冷水冲凉洗净，备用；将枸杞子略冲洗，备用。

❷ 将菱角肉、土鸡肉块、姜丝和枸杞子一起放入汤锅中，倒入水，以中火煮至沸腾。

❸ 待鸡汤沸腾后捞去浮沫，再转小火，倒入米酒，不盖锅盖煮30分钟，关火起锅后，加入盐和鸡粉调味即可。

酸菜鸭汤

在江南地区流传着一句话叫"秋食莫过于鸭"，鸭肉作为传统进补食材，在我国南方地区备受人们喜爱。尤其是这道重庆风味的酸菜鸭汤，开胃滋补，是老百姓餐桌上的常见菜品。酸菜酸香爽口，鸭肉皮糯肉耙，以大火熬煮，汤汁浓郁鲜美，风味独特，有滋阴养胃、润肺祛燥的功效。入秋时节，不妨为家人来上满满一碗。

材料 Ingredient

鸭肉	150克
酸菜	60克
竹笋	30克
姜片	20克
水	1200毫升

调料 Seasoning

盐	1小匙
白糖	1/2小匙

做法 Recipe

❶ 将鸭肉洗净，切片，放入沸水中焯烫以去除血水，捞出，用冷水冲净，备用。

❷ 将酸菜洗净，切段；竹笋洗净，切片；再将酸菜段和竹笋片放入沸水中焯烫，捞起备用。

❸ 取一锅，倒入水，放入酸菜段、竹笋片、姜片和所有调料。

❹ 以大火煮沸后，转小火续煮3分钟，再放入鸭肉片煮熟即可。

"废物利用"出佳肴：
芥菜鸭架汤

　　这应该算是一道"废物利用"而成的美味汤品了。很多人爱吃烤鸭，将鸭肉从鸭架上片出之后，鸭架往往就随手丢弃了，可谓"弃之可惜"。有了这道芥菜鸭架汤，"弃之可惜"的下脚料也可以变成"食之有味"的佳肴。芥菜新鲜爽口，鸭架独具烤制的浓郁香气，去除肥厚鸭肉的骨架，骨髓更易熬入汤中，滋补功效一点也不输于鸭肉汤。

材料 Ingredient

烤鸭架	1副
芥菜	150克
姜片	20克
水	1000毫升

调料 Seasoning

盐	1/2小匙
胡椒粉	1/4小匙

做法 Recipe

❶ 将烤鸭架剁小块，放入沸水中焯烫，捞出备用。

❷ 将芥菜洗净，切段备用。

❸ 取一汤锅，倒入水以大火煮开，放入烤鸭架块、芥菜段和姜片，转小火续煮10分钟，最后加入盐和胡椒粉拌匀即可。

草鱼头豆腐汤

草鱼头和豆腐一起熬汤，用"强强联合"四个字来形容最恰当不过了。这道家常美味汤品，以其简单的烹饪手法和丰富的营养价值一直备受人们喜爱。鱼头富含胶原蛋白，是健脾补脑佳品；豆腐柔软细腻，能清热润燥、降压降脂。鱼头所含的维生素D还能提高人体对豆腐中钙质的吸收。二者联合，补身健脑一举两得。

材料 Ingredient

草鱼头	1个
板豆腐	2块
老姜	50克
葱	2根
水	2000毫升

调料 Seasoning

盐	1小匙

做法 Recipe

❶ 将草鱼头刮净鱼鳞、清除鱼鳃，洗净后以厨房纸巾吸干水分，备用。

❷ 将板豆腐洗净，切长方块；将老姜洗净，去皮，切片；将葱洗净，切段，备用。

❸ 热一锅，倒入4大匙食用油烧热，放入草鱼头，以中火将两面煎至酥黄，再放入老姜片和葱段，改小火煎至老姜和葱焦香。

❹ 往锅中倒入水，放入板豆腐块，以大火煮滚，再转中小火，加盖继续煮30分钟，最后加盐调味即可。

小贴士 Tips

➕ 口味重的朋友，还可以在调料中加入白胡椒粉和醋，这样煮出的汤品味道更加富有层次感。

➕ 喜欢蔬菜的朋友，还可以在汤中加入蘑菇、茼蒿等，这样在视觉上会更显得色彩缤纷。不过需注意的是，蔬菜一定要最后放。

食材特点 Characteristics

草鱼：具有开胃、滋补的作用；草鱼含有丰富的硒元素，经常食用有抗衰老、养颜的功效。

老姜：俗称姜母，是指立秋之后收获的姜，即姜种。特点是皮厚肉坚，味道辛辣，但香气不如黄姜。

食补药膳汤：
枸杞子鳗鱼汤

　　这是一道滋补的药膳汤，单从菜谱中加入的各种食材和药材就不难看出。常言道"药补不如食补"，食补温润滋养，就像小火慢炖，长久就能见其真效。这道既有食材又有药材的汤品，既不失温润本质，又能有效提高人体免疫力。鳗鱼具有滋肝补肾、益精活血的功效，有助于青春活力常驻，非常适合男性食用。

材料 Ingredient	
鳗鱼块	1000克
老姜片	100克
圆白菜	200克
枸杞子	8克
红薯粉	适量
当归	2片
川芎	6片
桂枝	适量
黑香油	200毫升
米酒	500毫升
水	1800毫升

调料 Seasoning	
鸡粉	1大匙
白糖	2小匙

腌料 Marinade	
米酒	100毫升
水	100毫升
葱段	100克
姜片	100克

做法 Recipe

1. 将圆白菜洗净，去除粗梗，切成块状；将当归、川芎和桂枝等中药材用清水略冲洗，然后用棉布袋包好，备用。

2. 将所有腌料混合，并以手抓匀至葱汁、姜汁释出，再放入鳗鱼块一起混合拌匀，然后放入冰箱中冷藏6小时以充分腌渍，备用。

3. 取出腌渍好的鳗鱼块，在双面均匀地沾裹上红薯粉后，放入油温约170℃的油锅中，炸至表面呈金黄色且熟透，捞出备用。

4. 起一炒锅，倒入黑香油与老姜片，以小火慢慢爆香至老姜片卷曲，再加入米酒、水和药材包；以大火加热至沸腾后，盖上锅盖，改小火炖煮30分钟后开盖。

5. 在锅中放入圆白菜、炸好的鳗鱼块、枸杞子、鸡粉和白糖，拌匀后再煮10分钟即可。

食材特点 Characteristics

鳗鱼：鳗鱼中维生素、矿物质和微量元素的含量比一般陆生动物都要高；鳗鱼还富含EPA和DHA，不仅可以降血脂、抗动脉硬化，还能增强记忆力。

米酒：以糯米为原料发酵而成，富含多种维生素和微量元素，赖氨酸含量极高，能促进人体发育，增强免疫功能。

相思情味：

芋香鱼头汤

　　美食最具相思情味。离乡的游子思家之时，除了父母双亲和家乡景致，大概最想念的就是那或简或繁的家乡菜味道。这道芋香鱼头汤就是广东人思乡的代表作，甜咸鲜香，满溢故园情感。粤地餐桌自古就爱煲汤；人们靠海而居，水产丰富；潮汕地区出产的芋头又是全国最佳。天时地利人和的交融，应运而生的是这让人百般迷恋的味道。

材料 Ingredient

鲢鱼头	500克
红薯粉	适量
圆白菜	300克
芋头块	280克
粉丝	适量
蒜	100克
红葱头	80克
辣椒片	30克
香菜	适量

腌料 Marinade

葱段	60克
姜片	40克
胡椒粉	1小匙
米酒	100毫升

调料 Seasoning

酱油	120毫升
白糖	3大匙
盐	1小匙
陈醋	100毫升
鱼骨高汤	3000毫升
米酒	120毫升

食材特点 Characteristics

芋头：芋头口感细软、绵甜香糯，营养价值近似于土豆，且更易于消化，还含有多种微量元素，能增强人体免疫力。

做法 Recipe

1. 将鲢鱼头洗净，加入所有腌料拌匀，腌制30分钟后取出，再均匀地沾裹上红薯粉，并将多余红薯粉拍除，放入油温约170℃的油锅内，以中火炸至表面呈金黄色后，捞出沥干，备用。

2. 将芋头块放入油温约170℃的油锅中炸至金黄色，捞出备用；将蒜去皮洗净，晾干后，放入油温约150℃的油锅中炸至红褐色，捞出备用。

3. 将圆白菜放入沸水中焯烫至软化，捞出，切细，铺入砂锅中备用；将粉丝泡水至软化，捞出，放到圆白菜上；将香菜洗净，切段。

4. 将红葱头洗净，切片，和辣椒片一起放入油锅中爆香，然后加入所有调料煮至沸腾，再倒入砂锅中。

5. 在砂锅中放入鲢鱼头、芋头块和蒜，以小火煮20分钟，熄火后撒上香菜段即可。

小贴士 Tips

+ 此汤品对孕产妇均有很大益处，有胎动不安、妊娠性水肿的孕妇，以及乳汁不通的产妇都非常适合食用。

一场奇幻美妙：
上海水煮鱼汤

鲷鱼，又名加吉鱼，肉质细腻鲜嫩，是一种海产上等食用鱼。它不仅有美丽的外形，更有传奇的故事。鲷鱼种群实行"一夫多妻"制，一条雄鱼为"一家之主"，雄鱼死后，"群鱼无首"，这时大家庭中体格强健的雌鱼就会变成雄鱼，继续护卫家庭。有这样奇幻的故事，再搭配上色彩浓郁的鱼汤，想来真是回味无穷。

材料 Ingredient

鲷鱼	500克
小黄瓜	1根
白菜	50克
姜	10克
葱	1根
红辣椒段	适量
香菜	3根
蒜	5瓣
高汤	600毫升

调料 Seasoning

花椒	1大匙
白胡椒粉	适量
辣椒油	2大匙
米酒	2大匙
盐	适量

做法 Recipe

① 将鲷鱼洗净，切成大片，备用。

② 将小黄瓜、白菜、姜均洗净，切丝；葱洗净，切段；香菜洗净，切碎；蒜去皮洗净，切片备用。

③ 起一油锅，放入花椒，以小火爆香；再加入其余的调料，以中火煮开；再加入鲷鱼片、小黄瓜丝、白菜丝、姜丝、葱段、蒜片和红辣椒段，再倒入高汤。

④ 盖上锅盖，煮10分钟，打开锅盖，撒上香菜碎即可。

小贴士 Tips

⊕ 此汤虽然好喝，但是也非常辣。当你因喝汤吃肉而感到浑身燥热时，往往想喝水或者吃些主食来冲淡辣味。其实，这样做的效果并不是很理想。因为辣椒素为非水溶性物质，它只能与脂肪、油类及酒精相结合，所以喝啤酒，尤其是喝牛奶会比水更能冲淡辣味。

食材特点 Characteristics

鲷鱼：细分起来种类很多，辽宁大东沟，河北秦皇岛、山海关，山东烟台、龙口、青岛等地区为我国鲷鱼的主要产区，以山海关产的品质最好。

辣椒油：一般是将辣椒和各种配料用油炸后制得。食用辣椒油，能增加饭量，改善怕冷、血管性头痛等症状；还能加速新陈代谢，促进荷尔蒙分泌。

一抹东南亚风情：
越式鱼汤

越南人钟爱酸辣口味，越式菜肴除了清新爽口的蔬菜水果，其余菜品多是酸辣甘甜为主，尤其以鱼为主料的汤品更是如此。这道传统的越式鱼汤，选用肉质鲜美肥嫩的尼罗红鱼，配以二三蔬菜为佐料，再加入越南鱼露调味，轻微熬煮，清新鲜美便四溢飘散。这样具有浓郁东南亚风情的美味，广大食客可不能错过哦。

材料 Ingredient

尼罗红鱼	1条
菠萝肉	100克
西红柿	1个
黄豆芽	30克
香菜	50克
罗勒	5片
水	800毫升

调料 Seasoning

盐	1/4小匙
鱼露	2大匙
白糖	1大匙
罗望子酱	3大匙

做法 Recipe

1 将尼罗红鱼洗净，切块，放入沸水中焯烫，捞出洗净，备用。

2 将菠萝肉先用盐水浸泡片刻，然后捞出洗净，切块；将西红柿洗净，切块备用；将黄豆芽洗净，备用；将香菜洗净，切段；将罗勒洗净，备用。

3 取一汤锅，倒入水煮沸，放入尼罗红鱼块、菠萝块、西红柿块煮3分钟，再加入所有调料和黄豆芽，续煮2分钟后熄火。

4 食用时，再撒入罗勒和香菜段即可。

小贴士 Tips

+ 所谓罗望子，其实就是酸豆，也叫酸角。以罗望子酱或者罗望子的果肉为底料，配上罗勒、菠萝、西红柿及其他越南产香草制作出来的汤底，既可以用来煮鱼、煮虾，也可以用来煮其他海鲜产品，吃的时候配以米饭或者米粉，非常开胃。当然，它还可以当作火锅汤底。

食材特点 Characteristics

尼罗红鱼：鱼体呈椭圆形、稍侧扁、头较大、全身鲜红色，故名。此鱼高蛋白、低脂肪，肉厚刺少，肉质鲜美，营养丰富。

罗勒：也叫九层塔，为药食两用芳香植物，具有丰富的纤维素和维生素，摄入人体后可促进肠道蠕动，有助于消化。

内外兼修最迷人:

南瓜牛肉汤

美味汤品或许也和人一样吧, 容貌端正、性格温和、平易近人自然能讨得众人爱恋。这道南瓜牛肉汤就是这样品相周正又颇具内涵, 可谓人见人爱。南瓜性温, 能润肺消肿; 牛肉性平, 最适合滋补气血, 两者搭配, 温润难得, 甜咸可口。如此"食得人间烟火"的家常美味, 总是让人毫无顾忌地想要亲近, 满满一碗, 慰藉饥肠。

材料 Ingredient

南瓜	350克
牛腩	200克
胡萝卜	10克
姜	5克
葱	2根
水	800毫升

调料 Seasoning

八角	2粒
丁香	2粒
盐	适量
白胡椒粉	适量
酱油	1小匙
香油	1小匙

做法 Recipe

❶ 将牛腩洗净, 切块, 放入沸水中焯烫去血水, 备用。

❷ 将南瓜洗净, 去皮、去籽, 切成大块, 备用。

❸ 将胡萝卜和姜均洗净, 去皮切片; 葱洗净, 切段, 备用。

❹ 取一汤锅, 倒入水煮至沸腾, 再放入牛腩块、姜片、胡萝卜片、葱段和香油之外的所有调料, 煮至再次沸腾。

❺ 放入南瓜块, 以中火续煮40分钟, 最后淋入香油提味即可。

小贴士 Tips

✚ 南瓜性温、味甘, 牛肉性平、味甘, 故此汤非常适合脾胃虚弱、腰膝酸软、营养不良者食用。多吃南瓜还能促使糖尿病患者胰岛素分泌正常。

✚ 牛腩块应切得尽量小些, 这样炖煮时容易熟烂, 也更容易入味。

食材特点 Characteristics

牛肉: 含有丰富的蛋白质, 氨基酸组成比猪肉更接近人体需要, 能提高人体免疫力, 适宜手术后患者和身体虚弱者食用。

八角: 又称茴香, 有强烈香味, 主要用于煮、炸、卤、酱及烧等烹调加工, 有温中理气、健胃止呕、兴奋神经等功效。

最平民的西湖仙子：
西湖牛肉羹

单是听到名字，看到那星星点点、清清浅浅的涟漪荡漾，就足以让人念念不忘了。西湖那如诗如画的美景，如痴如醉的故事，只消羹勺一口，就从舌尖涌到了心头。与记忆深处缥缈的西湖水相比，最难得的当属这"西湖仙子"平民化的气息，一把牛肉粒，两个鸡蛋清，在各式餐桌上，都来得那么轻易又顺理成章。

材料 Ingredient

牛肉碎	200克
荸荠	5个
蟹味棒	2根
豌豆	50克
香菜	适量
高汤	500毫升

调料 Seasoning

盐	1茶匙
绍酒	1大匙
淀粉	适量
水淀粉	1大匙
香油	1茶匙

做法 Recipe

❶ 将牛肉碎加适量水淀粉和盐搅拌均匀，再放入沸水中焯烫，捞出洗净，备用。

❷ 将荸荠去皮，洗净，切碎；蟹味棒剥去红色部分，切成小段。

❸ 取一锅，倒入高汤，煮滚后加入牛肉碎、荸荠、蟹味棒、豌豆和绍酒，待汤再沸时，加入淀粉勾芡拌匀，最后倒入香油、撒入香菜即可。

小贴士 Tips

➕ 因为牛肉已经熟了，所以后面的步骤应尽量用大火快烧，以在最短的时间内完成。

➕ 勾芡的浓稠度要自己掌握，喜欢口感顺滑些的就不要放太多淀粉了。勾芡后还可以再放入适量鸡蛋清，顺着一个方向慢慢地搅动成絮状即可，口感更好。

食材特点 Characteristics

蟹味棒：以优质鱼糜为主要原料制成，高蛋白、低脂肪，营养结构合理，具有护心、降糖消渴等功效。

豌豆：富含人体所需的儿茶素和表儿茶素两种类黄酮抗氧化剂，这两种物质能够有效去除体内的自由基，可以起到延缓衰老的作用。

泽肌悦面喝出来：

牛尾汤

　　若要推荐一道美容养颜、塑肌健体的佳肴，牛尾汤当是最佳选项之一。牛尾含有丰富的钙质、胶原蛋白和维生素，具有补肾益气、润泽肌肤、强身健体等多种功效。在快节奏生活的今天，在你为生活疲于奔波、冲锋向前的时候，不妨适当停下来，享受一大碗美味的牛尾汤，把牛肉吃净，牛髓吸干，保证你能瞬间满血、精神焕发。

材料 Ingredient

去皮牛尾	500克
洋葱丁	100克
胡萝卜丁	80克
西红柿丁	50克
土豆丁	50克
西芹丁	60克
水	1000毫升
香芹末	1茶匙

调料 Seasoning

盐	1/2茶匙
番茄酱	1大匙

做法 Recipe

❶ 将牛尾放入沸水中焯烫，捞起沥干，备用。

❷ 取一锅，将牛尾放入锅内，放入1大匙食用油、番茄酱、洋葱丁、胡萝卜丁炒5分钟，再加水以小火煮1个小时，捞出牛尾，备用。

❸ 锅中加入土豆丁、西红柿丁、西芹丁和盐，煮45分钟。

❹ 将捞出的牛尾去骨，放入锅中煮10分钟，最后撒上香芹末即可。

小贴士 Tips

➕ 新鲜牛尾肉质红润，脂肪和筋质色泽雪白，富有光泽，肉质紧密并富有弹性，并有一种特殊的牛肉鲜味。

食材特点 Characteristics

牛尾：有奶白色的脂肪和深红色的肉，肉和骨头的比例相同。牛尾美味又营养，通常去皮切块出售。牛尾富含胶质、风味十足，很适合用来煮汤。

番茄酱：除了富含番茄红素外，还含有B族维生素、膳食纤维、矿物质、蛋白质及天然果胶等。和新鲜西红柿相比，其营养成分更容易被人体吸收。

家乡思冬：红烧羊肉汤

家乡思冬：

记忆中，家乡的冬天和各种羊肉汤是紧密相连的，这道传统经典的红烧羊肉汤"上座率"最高。每当天色昏暗，火炉上那"咕嘟咕嘟"冒着热气的满满一锅荤香，总会提前把肚子里的馋虫勾到嗓子眼，让人恨不得一摆开碗筷就吃个痛快。那大块酱黄色的羊肉，冒着热气的浓汤，就着一大碗米饭囫囵吞到肚里，从嘴到胃都是百分满足。

材料 Ingredient

A:

羊肉	900克
姜片	30克
水	2500毫升

B:

草果	1颗
丁香	3克
花椒	3克
桂皮	10克

调料 Seasoning

辣豆瓣酱	2大匙
米酒	150毫升
盐	1小匙
鸡粉	1/2小匙
冰糖	1/4小匙

做法 Recipe

1. 将羊肉洗净，切块备用。

2. 将材料B中的草果、丁香、花椒和桂皮均用清水略冲洗，然后拍碎，最后装入棉袋中制成药材包。

3. 取一锅，倒入适量油烧热，放入姜片爆香，加入辣豆瓣酱炒香，再放入羊肉块炒至变色，加入米酒略拌炒。

4. 倒入水并煮至沸腾，放入药材包，以小火煮80分钟，再加入盐、鸡粉和冰糖煮匀，最后盛入碗中即可食用。

小贴士 Tips

+ 喜欢吃辣的朋友，也可以在调料中放些辣椒，看自己的习惯酌情放入即可。

+ 此汤中之所以要放入分量较多的米酒，是因为这样才能帮助发挥与吸收药效，酒精会在烹煮过程中挥发掉，所以酒味并不浓重。也可以用清水替代，但功效会差一些。

食材特点 Characteristics

羊肉：适合肾阳不足、腰膝酸软、腹中冷痛等人群食用。但需注意的是，有高血压、体质偏热等问题的人们应少吃羊肉。

草果：具有特殊浓郁的辛辣香味，常被用作中餐调味料和中草药。中医认为，草果能燥湿健脾、除痰截疟，能治反胃呕吐等症。

荤香人参:

姜丝羊肉汤

民间有谚语:"冬吃羊肉赛人参,春夏秋食亦强身。"羊肉具有很强的滋补热身功效,可以驱寒祛湿、补气养血,最适合冬季食用。姜丝搭配羊肉煮汤,做法十分简单,美味和功效却有增无减。寒冷的冬日,在外奔波一天后,家中昏黄温暖的灯光和满满一碗热汤是全部的企盼,如此佳肴,让人想不爱都难。

材料 Ingredient

羊肉片	300克
姜丝	50克
黑香油	80毫升
水	500毫升

调料 Seasoning

米酒	100毫升
鸡粉	2小匙
白糖	1/2小匙

做法 Recipe

❶ 起一炒锅,放入黑香油和姜丝,以小火爆香。

❷ 放入羊肉片,炒至羊肉片颜色变白,再倒入米酒和水,以中火煮至沸腾,最后加入鸡粉和白糖拌匀即可。

纯正鲜美最宜人：

清炖羊肉汤

　　和其他羊肉汤不同，这道清炖羊肉汤在除去膻味的基础上，最大限度地保留了羊肉本身的鲜美，不加多余修饰，只给予最基本的调味，可谓纯正宜人。在追求本真的今天，清炖类的汤品尤其惹人喜爱。大火熬煮，小火慢炖，经历数小时的等待之后，羊肉酥而不烂、细嫩柔软，汤汁咸香鲜美、醇厚诱人。

材料 Ingredient

羊肉	700克
白萝卜	300克
姜片	20克
当归	10克
枸杞子	10克
水	2500毫升

调料 Seasoning

米酒	200毫升
盐	1小匙
鸡粉	1/2小匙

做法 Recipe

❶ 将羊肉洗净，切块，放入沸水中焯烫去除血水，捞出冲水，沥干备用；将白萝卜洗净，去皮，切块备用。

❷ 将当归和枸杞子略冲洗，备用。

❸ 取一锅，放入羊肉块、当归、枸杞子、姜片，倒入水和米酒，以大火煮至沸腾，转小火煮50分钟；加入白萝卜块煮30分钟，最后加盐和鸡粉拌匀即可。

暖胃祛寒食补药：
四宝猪肚汤

爸爸常年在外奔波劳碌，总是胃酸胃痛。记忆中的冬天，每次爸爸回家，妈妈总会从炉火上端下一锅泛着点点油花的猪肚汤，我便也沾光跟着贪婪地喝上一大碗。后来离家了，都快记不得猪肚汤的味道了。妈妈打电话，偶尔说起父亲胃痛，记忆中的冬天场景仿佛历历在目，学妈妈那样，为父亲端上一碗暖胃祛寒猪肚汤大概是每个儿女的愿望吧。

材料 Ingredient

猪肚	1个
蛤蜊	6个
金针菇	50克
香菇	5朵
姜片	3片
葱段	20克
白萝卜	半根
鹌鹑蛋	6个
水	400毫升

调料 Seasoning

盐	1/2茶匙
料酒	1茶匙
白醋	适量

做法 Recipe

1. 猪肚加盐和白醋搓洗干净，放入沸水中焯烫，刮去白膜，与姜片、葱段一起放入蒸锅中蒸30分钟，取出放凉切片。

2. 将蛤蜊泡水，吐沙；香菇泡发，去蒂，洗净；金针菇去蒂，洗净，放入沸水中焯烫，捞起沥干备用。

3. 将白萝卜去皮，洗净，切长方条，再放入沸水中焯烫，捞起沥干后铺于汤皿底部；再放入吐过沙的蛤蜊、香菇、鹌鹑蛋、金针菇和猪肚，加入所有调料和水，放入蒸锅中蒸1个小时即可。

小贴士 Tips

+ 新鲜的猪肚富有弹性和光泽，白色中略带浅黄，黏液多，肉质厚实；不新鲜的猪肚白中带青，无弹性和光泽，黏液少，肉质松软。

食材特点 Characteristics

猪肚：就是猪的胃，含有蛋白质、脂肪、碳水化合物、维生素及钙、磷、铁等，具有补虚损、健脾胃的功效，适于气血虚损、身体瘦弱者食用。

蛤蜊：有"百味之王"的美誉，营养全面，低热量、高蛋白、少脂肪，能防治中老年人慢性病，实属物美价廉的海产品。

忆苦思甜的爱：
菠萝苦瓜排骨汤

　　小小的菜肴其实是生活的缩影，酸甜苦辣的滋味又何止于餐盘？就像这道菠萝和苦瓜的混搭菜，苦瓜的苦楚才下眉头，菠萝的酸甜又上心头。回味处，人生的有笑有泪若隐若现，有情人的风雨同舟依稀眼前。不妨亲自下厨为身边的他烹制这道菠萝苦瓜排骨汤吧，以相濡以沫的当下幸福，回忆那同甘共苦的青葱岁月。

材料 Ingredient

排骨	200克
苦瓜	200克
菠萝	150克
姜片	10克
水	800毫升

调料 Seasoning

盐	1茶匙
米酒	1茶匙

做法 Recipe

❶ 将苦瓜洗净，去籽，切块；排骨洗净，剁小块。

❷ 将排骨和苦瓜分别放入沸水中汆烫1分钟，取出后洗净，再一起放入汤锅中。

❸ 将菠萝去皮，洗净，切块，泡水；然后将菠萝块、姜片和水一同加入汤锅中。

❹ 开火将汤锅煮沸后，转小火使汤保持在微滚的状态下，煮30分钟，最后放入所有调料调味即可。

小贴士 Tips

➕ 将苦瓜内部的籽与白膜清除干净，并且在料理前将其汆烫，是为了去除苦瓜的苦味。

食材特点 Characteristics

菠萝：含有的"菠萝朊酶"能分解阻塞于组织中的纤维蛋白和血凝块，可改善血液循环、稀释血脂，消除炎症和水肿。

苦瓜：含有的苦瓜甙和苦味素能增进食欲，健脾开胃；所含的生物碱类物质——奎宁，有利尿活血、消炎退热、清心明目的功效。

消夏的清爽：
冬瓜排骨汤

　　炎炎夏日，餐桌上总是少不了冬瓜汤品。冬瓜性凉而味甘，能清热解毒、利尿消肿，是消暑去热的上好之选。事实上，冬瓜还可改善痰积、痘疮肿痛、口渴不止等症状，四季食用均有疗效。这道嫩绿清雅的冬瓜汤品，恰似可以瞬间使人沉静的一缕清泉，看在眼，除燥热之火气，喝在口，清繁杂之心脾，怎一个"爽"字了得？

材料 Ingredient

猪排骨	200克
冬瓜	200克
姜片	8克
水	700毫升

调料 Seasoning

盐	1茶匙
鸡精	1茶匙
米酒	1茶匙

做法 Recipe

❶ 将猪排骨切小块，放入滚沸的水中汆烫1分钟，捞起，以冷水冲净，备用。

❷ 将冬瓜洗净，去皮，切小块，放入滚沸的水中汆烫1分钟，捞起，以冷水冲凉，备用。

❸ 将汆烫过的猪排骨块和冬瓜块放入汤锅中，加入姜片和水，以中火将汤汁煮至滚沸，再转至小火使汤保持在微微滚沸的状态下煮30分钟，最后放入所有调料调味即可。

小贴士 Tips

➕ 冬瓜易碎，不要煮得太久，否则会夹不起来。

食材特点 Characteristics

冬瓜：所含的丙醇二酸能有效地抑制糖类转化为脂肪，且冬瓜本身不含脂肪，对减肥期控制体重很有帮助；另外，冬瓜对高血压患者大有益处。

鸡精：是在味精的基础上加入化学调料制成的，由于所含的核苷酸带有鸡肉的鲜味，故称鸡精，在烹调菜肴时适量使用能促进食欲。

浓情大团圆：
蔬菜排骨汤

　　谁说美味佳肴一定要使用珍稀食材？平常的用料依然可以烹制出诱人的料理。这道蔬菜排骨汤就是最好的例证，你大可尽情选用最家常的蔬菜，最平价的食材，统统随排骨一起丢进汤煲。不多时，这营养丰富、色彩斑斓的汤品便此做好。要想味道更加美妙，记得加味独门调料，情真意切、爱心满满，才是无敌美味绝招。

材料 Ingredient

猪排骨	150克
芹菜	60克
胡萝卜	100克
圆白菜	120克
西红柿	2个
姜片	10克
水	800毫升

调料 Seasoning

盐	1茶匙
鸡精	1茶匙

做法 Recipe

❶ 将猪排骨斩小块，放入滚沸的水中焯烫1分钟，捞起，以冷水冲洗，备用。

❷ 将芹菜洗净，切小段；圆白菜洗净，切块；胡萝卜洗净，去皮，切块；西红柿洗净，底部外皮划十字，放入滚沸的水中氽烫10秒，捞起冲冷水，剥除外皮切块，备用。

❸ 将排骨块、姜片、芹菜段、圆白菜块、胡萝卜块、西红柿块和水一起放入汤锅中。

❹ 以中火将汤汁煮至滚沸，再转小火，使汤汁保持在微微滚沸的状态下煮30分钟，最后放入所有调料调味即可。

小贴士 Tips

➕ 如果觉得排骨汤油腻，可等汤晾凉后把浮在表面的油脂撇去，再加热汤就清亮多了。

食材特点 Characteristics

排骨：是指猪、牛、羊等动物剔肉后剩下的肋骨和脊椎骨，上面还附有少量的肉。如猪排骨，其富含磷酸钙和骨胶原等，可为人体提供丰富钙质。

盐：又称为食盐，是人类生存最重要的物质之一，也是烹饪中最常用的调味料。盐的主要化学成分是氯化钠，含量约为99%。

白玉养生露：
白萝卜排骨酥汤

用白萝卜搭配排骨炖汤可谓家常经典菜品，但如果你天生拒绝平庸又热爱挑战，不妨试试这道白萝卜排骨酥汤。这道汤的特点在一个"酥"字，其奥秘就在于先将排骨裹面过油炸酥后再行汤煮。经过油炸的排骨鲜香更加浓郁，熬制的汤汁也因油花的催化变得泛白醇厚，浅饮一口，便觉滴滴浓香，意犹未尽，实在是别具一格的美味汤品。

材料 Ingredient

猪排骨	200克
白萝卜	1个
低筋面粉	适量
香菜	适量
水	1000毫升

腌料 Marinade

鲜美露	36毫升
米酒	1大匙
五香粉	适量
胡椒粉	适量
鸡蛋	1个

调料 Seasoning

胡椒粉	适量
鲜美露	50毫升

做法 Recipe

1. 将猪排骨洗净，剁块，备用。

2. 将所有腌料混合搅拌均匀，然后放入排骨块腌制30分钟，备用。

3. 将排骨块沾裹上一层薄薄的低筋面粉后，放入油温约为180℃的油锅中，炸至外观呈金黄色即可捞起，沥油，备用。

4. 将白萝卜洗净，去除外皮，先切成2厘米的厚片，再将厚片切成4等份块。

5. 取一汤锅，加入炸过的排骨块、萝卜块、水和鲜美露同煮至萝卜变软，然后盛入碗中，食用前再加入香菜和胡椒粉即可。

小贴士 Tips

+ 也可将白萝卜事先炒一下，这样会使营养更容易被吸收。

食材特点 Characteristics

香菜：也叫胡荽，是人们熟悉的提味蔬菜，状似芹，叶小且嫩，茎纤细，味郁香，性温、味甘，能健胃消食、发汗透疹、利尿通便、祛风解毒。

胡椒粉：亦称古月粉，由热带植物胡椒树的果实碾压而成。胡椒粉含有的特殊成分使其具有特有的芳香味道，还有苦辣味。此外，胡椒粉还具有药用功效。

来自暹罗的季风：
酸辣排骨汤

　　泰国气候炎热，为舒缓因高温而萎靡的胃口，在泰国菜中，不少菜品以复合的多味觉层次见长，这道酸辣排骨汤就是其中之一。以泰式酸辣酱入汤，酸不觉涩，激活味蕾重重；辣不觉辛，启动食欲满满。当酸、辣与排骨融合在一起，一种全新的复合味觉在口中回荡。这道令人惊喜的菜品，实在是世界美食林中又一个精彩的奇迹。

材料 Ingredient

猪排骨	300克
（猪龙骨）	
西红柿	80克
青甜椒	40克
洋葱	60克
西芹	40克
蒜片	20克
水	800毫升

调料 Seasoning

泰式酸辣酱	4大匙
盐	1/4茶匙
柠檬汁	2大匙

做法 Recipe

❶ 将西红柿、青甜椒、洋葱、西芹均洗净，然后都切成小块，备用。

❷ 将猪排骨斩小块，放入沸水中焯烫1分钟，取出洗净，然后与做法1中的所有蔬菜一起放入汤锅中。

❸ 在汤锅中继续加入蒜片、泰式酸辣酱，倒入水。

❹ 开火煮沸后，转小火使汤保持在微滚的状态下，煮50分钟后熄火，再放入盐和柠檬汁调味即可。

小贴士 Tips

➕ 柠檬汁可以自制也可以买市售的浓缩柠檬汁。如果使用浓缩柠檬汁，就要灵活减少用量，以免太酸。

食材特点 Characteristics

泰式酸辣酱：是泰国菜中常用的调料之一，在泰国菜的制作中不可或缺，味道酸辣咸鲜，主要由辣椒酱、柠檬汁、水、蒜、白糖等原料组成。

柠檬汁：是新鲜柠檬经榨挤后得到的汁液，酸味极浓，并伴有淡淡的苦涩和清香味道。柠檬汁是上等调味品，含有糖类、维生素C，以及钙、磷、铁等营养成分。

想念海洋公园：
海鲜豆腐羹

记忆里有一个个彩色的梦，蓝色那一个，属于海洋公园。很多人，曾经在那里举起戒指，流着眼泪幸福地拥抱。也有很多人，在这里送给孩子们最动人的童话，那无邪的笑，像铜铃一样。海鲜豆腐羹藏着海洋公园里最美好的回忆，每每吃一次，就像翻上一次去海洋公园照片。

材料 Ingredient

板豆腐	1块
熟竹笋	80克
胡萝卜	30克
虾仁	30克
鲷鱼片	80克
蟹肉	20克
芥蓝菜梗	适量
鸡汤	600毫升
水淀粉	30毫升
葱花	5克

调料 Seasoning

盐	1茶匙
白糖	1/4茶匙
香油	1茶匙

做法 Recipe

1. 将熟竹笋剥去外皮，洗净，切成菱形；将胡萝卜洗净，去皮，切成菱形片；将板豆腐洗净，切成菱形；将芥蓝梗洗净，切成小片，备用。

2. 将虾仁、蟹肉、鲷鱼片均洗净，切成小块，入沸水焯烫后捞起沥干。

3. 取一锅，倒入已经备好的鸡汤煮滚，加入所有调料和熟竹笋、胡萝卜片、豆腐块、芥蓝菜梗片，以及虾仁、蟹肉、鲷鱼片，以小火煮滚。

4. 加入水淀粉勾芡，撒上葱花即可出锅。

小贴士 Tips

+ 将各种海鲜料先入沸水氽烫，可以去腥味，而且更容易和豆腐一起煮熟。

+ 鸡汤可以选择市场上现成的，方便又省时间。

食材特点 Characteristics

虾仁：含有丰富的钾、碘、镁、磷等矿物质及维生素A、氨茶碱等成分，对身体虚弱以及病后需要调养的人是极好的食物。

芥蓝：富含胡萝卜素和维生素C；并含有丰富的硫代葡萄糖苷，它的降解产物叫萝卜硫素，经常食用有降低胆固醇、软化血管、预防心脏病的功能。

百味之冠:

姜丝蛤蜊汤

　　江苏民间素有"吃了蛤蜊肉，百味都失灵"的说法，一语道出了蛤蜊肉鲜嫩细腻的特点。这道享有"百味之冠"称号的美食，怎一个"鲜"字了得。用姜丝搭配蛤蜊煮汤，加些许调味料，就将蛤蜊本身的鲜美发挥到了极致，让人爱不停口。蛤蜊不仅味道鲜美，而且营养丰富，价格也相对低廉，性价比绝对超高。

材料 Ingredient

蛤蜊	300克
姜丝	30克
葱丝	适量
水	800毫升

调料 Seasoning

盐	1小匙
鸡粉	2小匙
米酒	1小匙
香油	1小匙

做法 Recipe

① 将蛤蜊浸泡于清水中吐沙，洗净备用。

② 取一锅，放入水和米酒煮至沸腾，再放入姜丝、蛤蜊，煮至蛤蜊壳打开。

③ 加入盐、鸡粉拌匀后熄火，最后放入葱丝，倒入香油即可。

潮汕美味：
酸菜牡蛎汤

美食的宝贵之处就在于季节性和地域性。"冬吃牡蛎夏吃蛤"，一到冬令时节，牡蛎正肥，这道酸菜牡蛎汤就成了潮汕人民餐桌上的常见美味。内地人可能无法想象沿海人对海鲜汤品的喜爱，那极为抢口的鲜美味道是语言无法形容的。好在经济繁荣、科技发达的今天，美食早就穿越了地域界限，从尝鲜到热爱就是一步的距离。

材料 Ingredient

牡蛎	300克
酸菜心	100克
姜丝	20克
水	600毫升

调料 Seasoning

盐	1/4小匙
米酒	1大匙
胡椒粉	1/2小匙
香油	1/2小匙

做法 Recipe

❶ 在牡蛎中加入1小匙盐（分量外），轻轻拌匀后冲水洗净。

❷ 将酸菜心洗净，切丝，备用。

❸ 取一汤锅，倒入水煮沸，放入酸菜丝和姜丝再次煮沸，然后放入牡蛎和盐煮沸，最后加入米酒、香油和胡椒粉即可。

珍珠翡翠落玉盘:

翡翠海鲜羹

翡翠海鲜羹是一款地道的我国台湾地区的汤品，那白绿相间的品相有着诗一般的美感，盘中"珍珠翡翠"错落点缀，恰到好处。食材荤素巧妙搭配，清脆爽口的菠菜糊和咸香鲜美的海鲜丁，一口喝进嘴里，层次分明，口感多样。这样的汤品最适合搭配闲适的生活，在一个慵懒的午后，撸起袖子，扎上围裙，自己动手，美味到口。

材料 Ingredient

菠菜	150克
鱼肉丁	50克
虾仁丁	50克
墨鱼丁	30克
笋片	80克
胡萝卜片	适量
鸡蛋白	5大匙
水淀粉	2大匙
水	600毫升

调料 Seasoning

盐	1/2小匙
胡椒粉	1/4小匙
绍酒	1小匙

做法 Recipe

❶ 将菠菜洗净，放入榨汁机中，倒入适量水搅打成汁并过滤；再加入鸡蛋白与1/2大匙淀粉（分量外）搅拌均匀；倒入热油锅中边搅拌边炸成绿色颗粒，捞出沥油，放入滤网用热水稍冲洗，即为翡翠。

❷ 将鱼肉丁、虾仁丁、墨鱼丁、笋片和胡萝卜片均放入沸水中焯烫，捞出沥干。

❸ 取一锅，倒入水煮至沸腾，放入鱼肉丁、虾仁丁、墨鱼丁、笋片和胡萝卜片，以及盐、胡椒粉和绍酒等所有调料，煮至再次沸腾，倒入水淀粉勾芡，最后放入翡翠拌匀即可。

小贴士 Tips

➕ 翡翠海鲜羹是一道老少皆宜的汤品，尤其适合婴幼儿食用。它不仅营养丰富，而且容易消化，颜色也很讨喜。

食材特点 Characteristics

墨鱼：不但口感鲜脆爽口，还具有较高的营养价值和药用价值，是一种高蛋白、低脂肪的滋补食品，尤其适合减肥期间食用。

绍酒：以精白糯米加上鉴湖水酿造而成，酒精浓度在14~18度，常作为调味料使用或直接饮用。

囫囵一口吞:
苋菜银鱼羹

　　唐代诗人杜甫曾在《白小》诗中写道"白小群分命，天然二寸鱼"，说的就是小而剔透、洁白晶莹的银鱼。正是因为这样的个头体型，使得银鱼无鳞无刺，无骨无肠，加之肉质细嫩鲜美，营养丰富，用来煮汤再合适不过了。太湖特产银鱼，有"五月枇杷黄，太湖银鱼肥"之说。银鱼上市时节，不妨来上一道鲜美的银鱼羹吧。

材料 Ingredient

苋菜	250克
银鱼	40克
蒜末	15克
高汤	400毫升
水淀粉	1.5大匙

调料 Seasoning

盐	1/4小匙
白胡椒粉	1/8小匙
香油	1小匙

做法 Recipe

❶ 将苋菜洗净，切小段备用；将银鱼洗净。

❷ 热一锅，加入2大匙食用油，放入银鱼和蒜末炒香，再加入苋菜段炒软。

❸ 将高汤倒入锅中煮沸，改小火续煮3分钟，加入盐和白胡椒粉调味，再加入水淀粉勾薄芡，淋上香油，撒上煎香的蒜片（材料外）即可。

贵在精小:
空心菜丁香鱼汤

　　不是所有食材都以硕大肥壮为佳。清代一本专门记载中国海产品的著作《海错百一录》中就有一段颇为有趣的话："榕城呼童子之无用为丁香，言其越大越不值钱也。"这里所说的"丁香"就是丁香鱼，以长寸许、体色微黄者最佳。丁香鱼鱼如其名，周身散发着淡淡的丁香花香味，用它来熬汤，香飘四溢，滋味鲜美无比，食之令人回味无穷。

材料 Ingredient

空心菜	300克
丁香鱼	30克
姜丝	15克
高汤	600毫升

调料 Seasoning

盐	适量
香油	1/4小匙

做法 Recipe

❶ 将空心菜去除尾部老梗，洗净，沥干水分，切段备用。

❷ 将丁香鱼以清水稍冲洗，沥干备用。

❸ 取一汤锅，倒入高汤和丁香鱼，以大火煮至沸腾，放入空心菜段煮1分钟，再加入姜丝和盐、香油拌匀即可。

泰式海鲜酸辣汤

泰式海鲜酸辣汤是泰国知名美食，不论是它鲜艳多姿、红绿相间的品相，还是酸辣交织、醇厚带劲的口感，都大张旗鼓地挥洒着十足的热带海洋风情，就像张开怀抱欢迎你一样。泰式美味都是如此有味道、够刺激，让你一见钟情，欲罢不能。不管你是去过泰国，念念不忘；还是未曾成行，心向往之，这道曼谷名菜都绝对不容错过。

材料 Ingredient

圣女果	6个
虾	6尾
鱿鱼	1尾
蛤蜊	6个
罗勒	适量
水	适量

酱料

泰式酸辣酱	6大匙
柠檬汁	2大匙

做法 Recipe

1. 将圣女果洗净，切半；虾洗净，头尾分开；鱿鱼去内脏，洗净，切圈；蛤蜊泡水吐沙，洗净备用。
2. 取一锅，放入虾头和适量水。
3. 以中火煮至沸腾5分钟，再放入泰式酸辣酱并搅拌均匀。
4. 在锅中续加入圣女果、虾尾、鱿鱼圈和蛤蜊，待再次沸腾3分钟，加入柠檬汁及罗勒即可。

小贴士 Tips

+ 可以充分发挥想象力，让各式海鲜自由搭配，也可以加入新鲜蘑菇等。
+ 在本品中还可以加入香茅、鱼露和椰奶，这些都是泰汤的灵魂调料，超市均可买到。

食材特点 Characteristics

鱿鱼：鱿鱼营养价值极高，但由于其胆固醇的含量也较高，所以高脂血症、动脉硬化等心脑血管病及肝病患者应慎食。

圣女果：又称樱桃番茄，其外观玲珑可爱，口味香甜鲜美。具有生津止渴、健胃消食、清热解毒、凉血平肝、补血养血和增进食欲的功效。

第三章

药膳食疗汤

桂圆煲乌鸡　　莲子瘦肉汤

罗汉果排骨汤　　木瓜排骨汤

牛蒡当归鸡汤　　人参鸡汤　　四神汤

百合芡实鸡汤

"四性五味"的学问

药膳食疗汤，顾名思义，就是用药材和食材搭配熬煮而成的汤品，它是多年来我国传统医学与烹调经验相结合的产物。"寓医于食"，将端上餐桌的美味食物赋以药用价值，在慰藉辘辘饥肠的同时，还能防病治病，滋养身心。既有鲜香纯美的口感享受，又有温和细腻的滋补功效，药膳食疗汤在越发注重"饮食营养、科学养生"的今天可谓深得人心。

说是药材与食材的搭配结合，其实二者并没有严格明显的界限。我国自古就有"药食同源"的理论，唐代医学著作《黄帝内经太素》中就有"空腹食之为食物，患者食之为药物"的说法。药材和食材皆有"四性五味"，一些中药材可以作为食物果腹，一些食物也有防病治病的药用功效，药材和食材巧妙配比烹制成菜品佳肴，便有"药膳食疗"一论。关于"食疗"，最卓著的论述当属《黄帝内经》中"大毒治病，十去其六；常毒治病，十去其七；小毒治病，十去其八；无毒治病，十去其九；谷肉果菜，食养尽之，无使过之，伤其正也"一段，其大概意思就是"药补不如食补"，药膳食疗相比于单纯的药物，没有毒副作用，故可"无过亦不伤身"。不过食疗虽养生滋补，但也需"对症下药"，遵循自然之法，有所宜，亦有所忌。加入多味中药材的药膳食疗汤也是各有性味，需要针对不同的防治需求、各异的人体体质选择为之。

固肾强身的百合芡实鸡汤可谓男性福利。百合性寒，能宁心安神；芡实味甘，可固肾益精，二者搭配可适用于肾虚体乏。养颜补血的桂圆乌鸡汤是女士滋补佳品。桂圆性平，能养血补气，加上能滋阴补虚的乌鸡熬制，食之使人气血焕然、面目红润。绿豆茯苓鸡汤中的绿豆、茯苓皆有解毒消肿的功效，荷叶薏米鸭汤中的荷叶、薏米均有祛火除湿的作用，所以这两款汤品最适宜在夏季食用。冬季进补讲究温胃健脾、行气活血，而一碗人参鸡汤下肚就可以使人身心俱暖。治疗风寒感冒，川芎白芷鱼头汤足抵一味良

药；金银花陈皮鸭汤可化痰止咳、润肺生津，对口干咽燥、口舌生疮等症效果显著。故不同药材搭配不同食材，相宜相益才能事半功倍。

若想事半功倍，就得下足功夫，做好准备，了解药材和食材的"四性五味"。如，中医药上讲"当归性温，味甘而重，故能补血；其气轻而辛，故能行血。补中有动，行中有补，故为血中之要药。补血活血，通经活络，故宜女性调经、养颜润肌"。这样读下来，就把中药材的四性五味、相应功效、适宜病症、对症人群等四个关键点一并掌握了。

所谓四性，是指"寒、凉、温、热"，本质是指人体在食用食材或药材之后的身体反应。食用之后人体感觉清凉的就为寒性、凉性，此类大都具有清热解毒、消炎祛火的功效；食用之后人体感觉发热的则为温性、热性，此类大都具有温胃健脾、补气养血的功效。所以，容易口渴、怕热、喜食冷饮、火大气躁者适宜食用寒凉性的药食材；而手脚冰凉、怕冷、喜食热饮、胃寒体虚的人则适宜食用温热性的药食材。

所谓五味，分别指"苦、酸、甘、辛、咸"，这五味又分别对应人体的"心、肝、脾、肺、肾"五脏。中医认为，苦能降火除烦、清热解毒；酸能生津养阴、祛火保肝；甘能健脾生肌、补虚强身；辛能补气活血、养颜润肤；咸能通便除燥、补肾益精。

防病治病、强身健体、延年益寿从来不能一蹴而就，"治沉疴用猛药"则不在餐桌汤羹食疗之列。药膳食疗是温润平和的养生方法，只有循序渐进的"润物细无声"，才会有量变到质变的飞跃。

莲子瘦肉汤

　　莲子又称水芝丹、藕实，色白而清苦，气味微而圆似乳。《本草纲目》上记载："莲之味甘，气温而性涩，禀清芳之气，得稼穑之味，乃脾之果也。"莲子以热水泡软，沥干取心，可补心肾、益精血，伴以瘦肉炖煮，晾至温热，清香四溢，配合瘦肉的鲜味和营养，能够滋肾健脾、养心安神，是最适合妈妈们食用的暖心汤品。

材料 Ingredient

莲子	80克
猪腱	250克
姜片	20克
水	700毫升

调料 Seasoning

盐	1小匙

做法 Recipe

① 将莲子用热水泡软，沥干，去心，备用。

② 将猪腱洗净，切大块，放入沸水中焯烫，捞出备用。

③ 取一锅，放入莲子、猪腱块和姜片，倒入水，将锅置于火上，以大火煮沸，再转小火煮至食材熟烂，然后加盐调味，最后在出锅前捞出姜片即可。

家喻户晓的"无敌"好汤：

四神汤

　　相传乾隆下江南时，有随臣因奔波劳碌而病倒难医，一僧人开出"莲子、芡实、山药、茯苓炖猪肚"的药方，随臣服之痊愈，这就是后世广为流传的"四神汤"。四神汤在我国台湾地区可谓家喻户晓，只不过用润滑的猪小肠代替了猪肚，炖煮而成的汤品口感醇正，不仅能够养颜健脾、清火降燥，更能促进消化，此所谓"无敌"功效。

材料 Ingredient

猪小肠	500克
猪碎骨	300克
四神汤料包	2包
（约60克）	
水	2000毫升

调料 Seasoning

盐	1.5小匙
米酒	3大匙

做法 Recipe

❶ 将猪小肠加入盐和白醋（材料外）搓洗，冲水洗净后，放入沸水中焯烫，捞起洗净沥干，切段备用。

❷ 将四神汤料包倒出，略冲水，沥干；猪碎骨放入沸水中焯烫，捞起洗净，备用。

❸ 取一汤锅，倒入水煮沸，放入以上所有材料，以小火煮3小时，最后加入所有调料即可。

小贴士 Tips

✚ 四神汤料包含有茯苓、山药、莲子和芡实（或薏米）。

寂静山寺一缕香：
罗汉果排骨汤

"黄实累累本自芳，西湖名字著诸方。里称胜母吾常避，珍重山僧自煮汤。"宋代诗人张栻在《赋罗汉果》中生动刻画了这样的场景：在涧雾弥蒙、晨钟暮鼓的山中之寺，僧人兀自煮着罗汉果汤，其果香入味、淡远悠然……罗汉果又称"神仙果"，味甘性凉，能生津止渴、润肠通便，以排骨熬煮，鲜香四溢，仿佛梦回山林，做一回清远之士。

材料 Ingredient

猪排骨	600克
罗汉果	1/2个
陈皮	5克
姜片	20克
水	800毫升

调料 Seasoning

米酒	50毫升
盐	1/2小匙

做法 Recipe

1 将猪排骨剁成块，洗净，入沸水中焯烫，捞出洗净，沥干；陈皮和罗汉果略冲洗，沥干备用。

2 取一锅，倒入水，煮沸后放入以上材料和姜片、米酒。

3 再次煮沸后，改转小火炖煮60分钟，最后加盐调味即可。

美容丰胸百汤王：
木瓜排骨汤

　　提起木瓜，很多人第一个想到的功效就是"丰胸"，这一点儿不错。不过除了有助于胸部发育之外，木瓜还具有很强的美容养颜、润泽肌肤的功效，这主要得益于木瓜中含有能促进人体新陈代谢的木瓜酶和木瓜酵素。故木瓜享有"百益果皇"的美誉，绝非浪得虚名。用木瓜和排骨一起熬汤，汤汁咸甜鲜美、清香爽口，非常适合爱美女性食用。

材料 Ingredient	
木瓜	1/2个
猪排骨	500克
南杏仁	1大匙
北杏仁	1大匙
姜片	15克
水	1500毫升

调料 Seasoning	
盐	1/3小匙

做法 Recipe

❶ 将木瓜洗净，去皮，切成5厘米见方的块，备用。

❷ 将猪排骨洗净，剁块，放入沸水中焯烫至变色，捞出洗净，切块备用。

❸ 取一砂锅，放入木瓜块、排骨块和姜片，倒入水，再放入南杏仁和北杏仁，以大火煮开后转小火续煮2.5个小时，最后加盐调味即可。

养颜补血上上品:
桂圆煲乌鸡

　　相传古代,在我国福建地区有条恶龙,无恶不作。当地有位名叫桂圆的少年用酒泡猪肉喂给恶龙吃,后趁恶龙吃醉之际刺伤其眼睛,最终制服恶龙。为了纪念少年,人们便把这个地区一种圆圆的果子取名桂圆,又叫龙眼。桂圆性平,有补气益智、养血安神之效,再配上滋补珍品乌鸡,以小火慢炖,绝对是养颜补血之上上品。

材料 Ingredient

乌鸡	500克
桂圆肉	30克
党参	20克
枸杞子	7克
姜片	15克
水	1000毫升

调料 Seasoning

绍酒	50毫升
盐	1/2小匙

做法 Recipe

1 将党参和枸杞子均略冲洗,沥干备用。

2 将乌鸡洗净,剁成小块,放入沸水中焯烫10秒钟,捞出,用冷水冲净。

3 取一锅,倒入水,煮沸后放入党参、枸杞子、乌鸡块、桂圆肉、姜片和绍酒。

4 盖上锅盖,以大火煮沸后,改转小火炖煮50分钟,最后加盐调味即可。

小贴士 Tips

+ 如果你买的是活乌鸡,那么应先进行宰杀,去毛和内脏(鸡胗、鸡心和鸡肝要留下,可以做别的菜肴),最后用流动的水将其冲洗干净。乌鸡用开水浸泡一下更容易去毛,如果还有细毛残留,可以放在火上略微烤一下。

+ 此汤品不适合痰热咳嗽及阴虚火热的人食用。

食材特点 Characteristics

桂圆:富含葡萄糖、蔗糖和蛋白质等,含铁量也较高,能促进血红蛋白的再生,从而达到补血的效果。此外,桂圆还具有增强记忆力、消除疲劳的功效。

乌鸡:富含黑色素、蛋白质和B族维生素等。乌鸡中烟酸、维生素E以及磷、铁、钾、钠的含量均高于普通鸡肉,但胆固醇和脂肪的含量却很低。

滋阴调经的温暖关爱：

牛蒡当归鸡汤

　　这道药膳鸡汤最适合温润的女性，滋阴补血莫过于此。材料中各种中药材都是药店常见，随手就可买到。牛蒡味甘，能利尿通便、清血养颜；当归则有补血和血、调经止痛之功效；黄芪性平，可补气固表、排毒排脓；熟地可用于心悸失眠、月经不调等症。多种滋补调理药效在汤水中发散开来，女性就该如此给予自身温暖关爱。

材料 Ingredient

鸡肉	500克
牛蒡	100克
黄芪	10克
当归	7克
熟地	10克
枸杞子	5克
姜片	15克
水	1000毫升

调料 Seasoning

米酒	50毫升
盐	1/2小匙

做法 Recipe

❶ 将牛蒡去皮，洗净，切成小段；将黄芪、当归、熟地、枸杞子均略冲洗，沥干备用。

❷ 将鸡肉洗净，剁成小块，放入沸水中焯烫10秒钟，捞出，用冷水冲净。

❸ 取一锅，倒入水，煮沸后放入鸡块、牛蒡段、黄芪、当归、熟地、枸杞子、姜片和米酒。

❹ 盖上锅盖，以大火煮沸后，改转小火继续炖煮60分钟，最后加盐调味即可。

小贴士 Tips

➕ 不要将鸡肉放入沸水中焯烫太久，否则鸡肉的质地会变硬，口感会大打折扣。

➕ 鸡肉中的大部分物质为蛋白质和脂肪，吃多了容易导致身体肥胖。

食材特点 Characteristics

牛蒡：牛蒡中胡萝卜素的含量比胡萝卜高150倍，蛋白质和钙的含量为根茎类之首。牛蒡全植物还含有抗菌成分，能杀灭金黄色葡萄球菌。

当归：中医认为精血同源，血虚者津液也不足，肠液亏乏易致大便秘结。当归可润肠通便，与麻仁、苦杏仁、大黄合用能治疗血虚便秘。

人参鸡汤

暖身爱心汤：

我们将那些饱含关爱和挚诚的暖心字句，称为"心灵鸡汤"，让那些受伤的心灵渐渐复苏。如果说"心灵鸡汤"是温暖心灵的"忠言"，那么这道人参鸡汤则是滋补身体的"良药"，既能补脾益气，又可安神定志。再加入姜片、葱段等食材以小火慢炖，使得这道"良药"并不"苦口"，吃肉喝汤均可，最能慰藉辘辘饥肠。

材料 Ingredient

土鸡	1只
人参须	60克
姜片	20克
葱段	适量
水	1000毫升

调料 Seasoning

料酒	1大匙
盐	1茶匙

做法 Recipe

1 将人参须洗净，泡水3个小时，备用。

2 将土鸡洗净，去头，放入沸水中焯烫以去除脏污血水，捞起沥水。

3 将土鸡放入炖锅中，加入姜片、葱段和人参须，盖上锅盖以小火炖2个小时。

4 在炖锅中加入盐和料酒，再炖15分钟即可。

小贴士 Tips

+ 鉴别土鸡时，看脚便可一目了然：土鸡大多处于放养的状态，且喂养时间较长，所以其脚掌底部会有层厚厚的茧；而饲料鸡喂养时间短，脚的底部自然比较"娇嫩"。

男性福利：

百合芡实鸡汤

　　百合和芡实是非常经典的药膳搭配，百合性微寒，能滋阴润肺、宁心安神；芡实味甘，有固肾益精、补脾止泄的功效。用鲜美的鸡肉搭配两味药材，再用盐和鸡粉调味，可以去除药材本身的干涩味道，而代之以咸香鲜美。百合芡实鸡汤能助眠益寿，非常适合因肾虚引起的失眠多梦、遗精头昏者食用，真真儿是男性福利。

材料 Ingredient

土鸡肉	200克
干百合	25克
芡实	20克
桂圆肉	10克
姜片	15克
水	500毫升

调料 Seasoning

盐	3/4小匙
鸡粉	1/4小匙

做法 Recipe

❶ 将土鸡肉洗净，剁小块，放入沸水中焯烫去血水，再捞出用冷水冲净；放入汤盅中，倒入水，备用。

❷ 将干百合浸泡在冷水（分量外）中5分钟，泡软后捞出，与桂圆肉、芡实和姜片一起放入汤盅中，覆上保鲜膜。

❸ 将汤盅放入蒸笼中，以中火蒸1小时，蒸好后取出，加入盐和鸡粉调味即可。

消暑解毒养生汤:

绿豆茯苓炖鸡汤

　　相传宋代大诗人苏辙年老时体弱多病，食用茯苓百日后，面如童子，病症半消；清代慈禧太后非常注重养生，在她的养生菜谱上最常用到的药材就是茯苓。可见茯苓滋补养生的功效非同一般。这道用绿豆和茯苓一起熬煮的鸡汤，是一款能消暑解毒、除湿消肿的佳肴，四季皆宜，尤其适合夏季食用，有需要的朋友不妨"对症下药"。

材料 Ingredient

土鸡肉	300克
绿豆	40克
茯苓	10克
红枣	5颗
水	1200毫升

调料 Seasoning

盐	1/2小匙
鸡粉	1/4小匙

做法 Recipe

❶ 将绿豆用冷水（材料外）浸泡2小时后，倒去水，备用。

❷ 将土鸡肉洗净，剁小块，放入沸水中焯烫去血水，捞出，用冷水冲凉洗净，与绿豆、茯苓和红枣一起放入汤锅中，倒入水，以中火煮至沸腾。

❸ 待鸡汤煮沸后捞去浮沫，再转小火，盖上锅盖，炖煮1.5个小时至绿豆熟烂，起锅后加入盐和鸡粉调味即可。

强身健体抗压力：
陈皮灵芝鸭汤

现代社会，生活节奏日益加快，工作、学习的压力接踵而来，长期处在这样的状况下，燥热上火、气虚体乏在所难免。这时候，最需要一道陈皮灵芝鸭汤助你摆脱烦恼。陈皮味甘，有补气健脾、祛燥除湿的功效；有"仙草"美称的灵芝能安神活血、开胃化痰；再加上性凉滋补的鸭肉，以小火慢炖，开胃祛火、强身健体根本不在话下。

材料 Ingredient

鸭肉	600克
灵芝	20克
枸杞子	5克
陈皮	5克
姜片	20克
水	1000毫升

调料 Seasoning

米酒	50毫升
盐	1/2小匙

做法 Recipe

① 将灵芝洗净，泡水10分钟，捞出沥干；将枸杞子和陈皮略冲洗，沥干备用。

② 将鸭肉洗净，剁成小块，放入沸水中焯烫10秒钟，捞出，用冷水冲净。

③ 取一锅，倒入水，以大火煮沸后，放入灵芝、枸杞子、陈皮、鸭块、姜片和米酒。

④ 盖上锅盖，以大火再次煮沸后，改转小火炖煮50分钟，最后加盐调味即可。

小贴士 Tips

➕ 如果你买的是活鸭，那么应该先将活鸭剖洗干净，去毛、去内脏、去鸭尾。

➕ 枸杞子、灵芝和陈皮用冷水略冲洗即可，长时间的冲洗容易损失药力。

食材特点 Characteristics

灵芝：中医认为，灵芝具有补气安神、止咳平喘的功效，可用于眩晕不眠、心悸气短、虚劳咳喘等症。现代医学认为，灵芝还能够保肝解毒，对糖尿病也有一定的辅助治疗功效。

鸭：中医认为，鸭肉性寒、味甘，有滋补、养胃、补肾、消水肿、止热痢等作用，尤其适合体质虚弱、发热、大便干燥者食用。

养阴补虚清火气：
玉竹沙参煲鸭汤

药膳汤最重要的特点就是相辅相成、合二为一。这道汤品中，玉竹和沙参的结合就是如此，合力大于散力，滋补养阴可谓极佳。玉竹味甘性寒，质润多汁，有滋阴润肺的作用；沙参和玉竹同效，可清热补虚、养胃生津；鸭肉亦是"食之阴虚亦不见燥，阴虚亦不见冷"的滋补食材，三者合力，一款清火滋润、养阴补虚的美味汤品便应运而生了。

材料 Ingredient

鸭肉	600克
沙参	10克
玉竹	15克
姜片	20克
枸杞子	5克
水	1000毫升

调料 Seasoning

米酒	50毫升
盐	1/2小匙

做法 Recipe

1. 将沙参和玉竹均略冲洗，切片，沥干备用；将枸杞子略冲洗。

2. 将鸭肉洗净，剁成小块，放入沸水中焯烫10秒，捞出，用冷水冲净。

3. 取一锅，倒入水，煮沸后放入沙参、玉竹、枸杞子、鸭块、姜片和米酒。

4. 盖上锅盖，再次煮沸后，转小火炖煮50分钟，再加入盐调味即可。

小贴士 Tips

+ 喜欢吃鸭血的人，也可以在制作本品时加入鸭血，只不过和鸭肉一样，也要事先放入沸水中焯烫，以去除腥味和浮沫。

+ 如果觉得沙参和玉竹散入汤中比较烦，可以在煮汤前将其放入炖料包中。

食材特点 Characteristics

玉竹：为多年生草本植物，其根茎可供药用，具有养阴润燥、清热生津、止咳等功效，能治热病伤阴、虚热燥咳、糖尿病、结核病等。

沙参：为多年生草本植物，以根入药，能祛寒热、清肺止咳，可治气管炎、百日咳、肺热咳嗽等；还能治疗心脾痛、头痛等症。

清新消暑又解热：
荷叶薏米煲鸭汤

　　单看食材就知道，这款汤品一定是清新爽口风味。将消暑除湿、清热解毒的各种材料巧妙搭配，功效自然无可抵挡。美味总是和情怀相怜相惜，温暖、毫无负担的关爱就藏在这一道精心烹制的汤羹之中。炎炎夏日，除了新鲜的蔬菜汤水，为家人和自己端上一道鲜美的鸭汤，喝下满满一碗，真是人间不可多得的享受。

材料 Ingredient

鸭肉	600克
干荷叶	5克
薏米	60克
黄芪	10克
姜片	20克
水	1000毫升

调料 Seasoning

米酒	50毫升
盐	1/2小匙
白糖	1/2小匙

做法 Recipe

1. 将干荷叶、薏米和黄芪均略冲洗，沥干备用。

2. 将鸭肉洗净，剁成小块，放入沸水中焯烫10秒钟，捞出后用冷水冲净。

3. 取一锅，倒入水，煮沸后放入干荷叶、薏米、黄芪、鸭块、姜片和米酒。

4. 盖上锅盖，以大火煮沸后，改转小火炖煮50分钟，再加入盐和白糖调味即可。

小贴士 Tips

+ 因为薏米较难煮熟，在煮之前可以先用温水浸泡一段时间。

+ 便秘、尿频和处于孕早期的妇女应忌食薏米；消化功能较弱的儿童和老人也应禁食薏米。所以，以上人群在食用本汤品时应注意。

食材特点 Characteristics

荷叶：用荷叶搭配食材再进行烹饪，目的是取其清香、增味解腻。另外，荷叶含有大量纤维，可以促使大肠蠕动，有助排便。

薏米：营养丰富，对于久病体虚，处于病后恢复期的患者，老人、产妇、儿童都有较好的补益作用，微寒而不伤胃，益脾而不滋腻。

清热疏风不二良品：

金银花陈皮鸭汤

很多人上火后的第一症状就是口舌生疮、嘴干咽燥，这时候，这款能清热解毒、疏风散热的金银花陈皮鸭汤就绝对值得推荐了。金银花凉茶想必大家都喝过，可化痰止咳、润肺生津，最适合长期用嗓过度的人饮用；陈皮能开胃促消化。用二者搭配具有滋阴润燥功效的鸭肉熬汤，能让人平心静气、消除火气。

材料 Ingredient

鸭肉	600克
金银花	5克
陈皮	3克
无花果	4颗
黑枣	3颗
姜片	20克
水	1000毫升

调料 Seasoning

米酒	50毫升
盐	1/2小匙

做法 Recipe

1. 将金银花、陈皮、无花果和黑枣均略冲洗，沥干备用。

2. 将鸭肉洗净，剁成小块，放入沸水中焯烫10秒钟，捞出，用冷水冲净。

3. 取一锅，倒入水，煮沸后放入金银花、陈皮、无花果、黑枣、鸭块、姜片和米酒。

4. 盖上锅盖，以大火煮沸后，改转小火炖煮50分钟，最后加盐调味即可。

小贴士 Tips

+ 喜欢吃蔬菜的朋友还可以在汤品中加些黄甜椒块和红甜椒块，这样煮出来的汤在颜色上也会更好看。

+ 汤中还可以加入胡椒粉，这样可使味道更加丰富，富有层次感。

食材特点 Characteristics

金银花：性甘寒而气芳香，既能宣散风热，又能清解血毒，自古就被誉为清热解毒的良药，适用于热毒疮痈、咽喉肿痛等热性病症。

无花果：具有很高的营养价值和药用价值，含有较高的果糖、果酸、蛋清质、维生素等成分，有滋补、润肠、开胃的作用。

大补珍品：
当归生姜牛骨汤

　　味道醇厚、滋味鲜美的牛骨汤是绝对的大补珍品。牛骨含有人体所需的多种氨基酸、丰富的胶原蛋白和钙质，不仅能强身健体、增强人体免疫力，还能美容抗皱、健脾消食。营养如此丰富的牛骨搭配能调经补血的当归和熟地，以小火慢炖，各种精华悉数散于汤锅之中，满满一盅，想来就让人食欲大增，非常适合女性食用。

材料 Ingredient

牛骨	900克
当归	5克
熟地	10克
红枣	10颗
姜片	50克
水	3000毫升

调料 Seasoning

米酒	50毫升
盐	1/2小匙

做法 Recipe

❶ 将牛骨剁块，入沸水中焯烫，捞出，洗净沥干；将当归、熟地和红枣略冲洗，沥干备用。

❷ 取一锅，倒入水，煮沸后放入牛骨块、当归、熟地、红枣、姜片和米酒。

❸ 盖上锅盖，以大火煮沸后，改转小火炖煮2小时，最后加盐调味即可。

小贴士 Tips

➕ 炖煮牛骨汤的时候可以加点鸡骨头下去，这样能够去除牛骨的毒素，同时可令汤的味道更加鲜美。

➕ 喜欢蔬菜的朋友，在炖煮的时候还可以加点萝卜苗、西红柿、胡萝卜和芹菜等，这就变成了美味可口的蔬菜牛骨汤。

食材特点 Characteristics

熟地：为植物地黄的块根经加工炮制而成，色黑而油润，质地柔软粘腻，具有补血滋阴的功效，可用于眩晕、心悸失眠、月经不调等症。

牛骨：既是食材，也是一种药材，是指黄牛或水牛的骨骼。中医认为，其性温、味甘，具有截疟、敛疮的功效，常用于关节炎、疟疾等症。

风寒感冒头痛良药：
川芎白芷鱼头汤

冬季如果患风寒感冒而头痛昏沉，不如来上一碗川芎白芷鱼头汤，再美美地睡上一觉，保准"汤到病缓"。鱼头汤向来以滋味鲜美称雄于美食界，殊不知如果搭配得当，除去那光鲜的外表，它十足的功效同样值得深爱。川芎能祛风止痛，是治疗头风头痛的常见药品；白芷性温，同样有祛风散寒、止痛的功效。巧妙搭配，一碗美味汤品足抵一味良药。

材料 Ingredient

青鱼头	1/2 个（约600克）
川芎	12克
白芷	15克
枸杞子	5克
姜片	25克
水	800毫升

调料 Seasoning

米酒	50毫升
盐	1/2小匙

做法 Recipe

1. 将川芎、白芷和枸杞子均略冲洗，沥干备用；将青鱼头去腮，洗净，沥干备用。

2. 取一锅，加入2大匙食用油烧热，放入青鱼头煎至两面焦黄，盛出备用。

3. 取一锅，倒入水，煮沸后将青鱼头和其余所有材料均放入锅中，再倒入米酒。

4. 盖上锅盖，以大火煮沸，再改转小火续煮15分钟，最后加盐调味即可。

小贴士 Tips

+ 此道汤品具有发散风寒、祛风止痛的功效，尤其适于那些有微恶风寒、时发头痛、鼻塞流涕、舌苔白、脉浮等症状的风寒感冒患者食用。

+ 不一定非要用青鱼头，换成鳙鱼头或者鲢鱼头也可以。

+ 身体燥热的人不适合食用此汤品。

食材特点 Characteristics

川芎：具有活血行气、祛风止痛的功效。川芎适于淤血阻滞引起的各种病症，如头风头痛、风湿痹痛等。

白芷：根可入药，有祛病除湿、排脓生肌、活血止痛等功效，可治风寒感冒、头痛、鼻炎、牙痛等症。

第四章

便捷电锅汤

蛤蜊鸡汤

杏仁蜜枣瘦肉汤

芥菜干贝鸡汤

姜母鸭汤

竹荪干贝鸡汤

罗宋汤

四宝汤

萝卜丝鲈鱼汤

科技改变生活

《吕氏春秋·本味篇》中有一段这样的记载："凡味之本，水最为始，五味三材，九沸九变，则成至味。"寥寥几句，道出了各种美味汤品煲熬炖煮的真谛。但这里却只强调了水对制汤的作用，其实，制汤的工具也很重要，不同的工具配以不同之技法，味道亦不同。正所谓一道好汤看似简单，实则需要"十八般武艺"。

粤菜中的老火汤是"煲"出来的。"煲"原本是广东方言，本意其实指的是一种壁较陡直呈圆筒状的陶锅，陶锅质地细密，容易聚热，南方地区很早就用这种工具煮制汤品了，于是乎顺理成章地变成了"煲汤"。将五花八门的蔬菜、瓜果、肉食、药材，按照一定配额悉数囫囵放入汤煲，然后耐住性子任由其"咕嘟咕嘟"地冒泡，直到里面的材料全部变得面目模糊、香气浓郁，此时一碗靓汤便可出锅上桌了。

江西人以瓦罐煨汤最为鲜美异常。相传北宋嘉祐年间的洪州城，有一

才子相约友人出城郊游，郊外景色迷人，众人游至日头西斜依然兴致不减，于是相约明日在此再聚。仆人便将这日吃剩下的鸡、鱼等食材和佐料一同放入加了泉水的瓦罐之中，并密封瓦罐，在罐顶留一小孔以散气，塞在未熄灭的炉灰之中。次日一早，众人如约而来，仆人从灰烬中搬出瓦罐，只见才开瓦盖，便鲜香四溢，引得众人垂涎，尝之，味道亦绝佳。正如《瓦罐煨汤记》中所载："瓦罐香沸，四方飘逸，一罐煨尽，天下奇香。"这般看似偶然而得的美食其实有它的必然。瓦罐通气性好、吸附性强，传热均匀又散热缓慢，以小火细细煨之，使得食材中的蛋白质、骨胶原和水分子等长时间融合渗透。时间越长，鲜香成分溶解得愈发充分，汤汁也就愈发细腻鲜醇。难怪世代美食家都给予它"品得此汤金不换"的美誉。

北方地区人们用砂锅炖汤也是常见的汤品烹调方法。用一个"炖"字就可见是慢工出细活，对付诸如牛骨、猪骨这样"顽固"的食材，砂锅

"炖"之可谓最佳。砂锅周身遍及细密的小孔，保证有足够的内外循环，因而它最大的优点就是容易入味，汤汁和食材水乳交融，长时间处在微微沸腾的状态，小火炖煮自然是软烂鲜香。也正是由于砂锅这样的特质，使得它散热较快，保温性差，但恰恰满足了某些汤羹要温喝才最佳的特殊需求，这大概也是"因祸得福"了吧。如此别具一格，自然颇有受众。

不管是陶锅煲汤，还是瓦罐煨汤，抑或是砂锅炖汤，精髓都在于一个"慢"字，待汤汁沸腾滚开之后，火便要小，以小火慢熬细煮才是功夫到家。所以，广东人素来有"三煲四炖"的说法，意思是说煲汤差不多用3个小时，而炖汤则需4小时以上。时光荏苒，光阴似箭，随着现代科技的发展，大家对烹制汤品的观点也随之发生了些许变化，认为"煲汤时间越长，汤就越有营养"的说法并不完全正确。如，同济大学医学院营养与保健食品研究所就专门对"熬汤时间与汤羹营养"进行过实验研究，最终的实验结果证实，像猪蹄、土鸡、老鸭这样的普通食材熬制半个小时到1个小时，汤汁营养值就会最大化。至于付出更多的时间，也只是使汤品中食材更加软烂细腻。

如此，快手省心的电锅汤便占据了现代家庭厨房的一席之地。电锅使用不锈钢内胆，无毒无害更无杂质，它充分利用水汽循环，依据隔水炖煮的烹饪原理，使得汤品营养成分不易流失。如此既保证了食材最本真的味道，又把食材营养发挥到最大程度，完全符合制汤的至高之境。美食就该如此与时俱进，"快"也能出珍品，就像我们在快节奏的生活中，一样可以得到独特的身心享受。

陶罐里的情愫：

杏仁蜜枣瘦肉汤

　　小时候，外婆喜欢用陶罐煲汤，里面放入精挑细选的食材，以小火温炖，静候着食材之间自然的融合。晚饭过后，喝一碗外婆熬的汤，浅尝蜜枣、杏仁、瘦肉融合的味道，这是一家人最惬意的时光，更是家族中每个人最温暖的回忆。陶罐、煲汤，是母亲对子女的惦念，是祖辈对儿孙的呵护。那浓浓的温情，一辈子也忘不了。

材料 Ingredient

猪瘦肉	150克
南杏仁	1大匙
干百合	1大匙
蜜枣	1颗
陈皮	1片
姜片	15克
葱白	2根
水	800毫升

调料 Seasoning

盐	1/2小匙
鸡粉	1/2小匙
绍酒	1小匙

做法 Recipe

❶ 将南杏仁、干百合泡水约8小时，沥干；猪瘦肉剁小块，放入沸水中焯烫，捞出用冷水洗净；姜片、葱白用牙签串起；陈皮泡水至软，削去白膜；蜜枣洗净，备用。

❷ 取一电饭锅的内锅，放入以上所有材料，再倒入水和所有调料。

❸ 将内锅放入外锅中，盖上锅盖，按下开关，煮至开关跳起后，捞除姜片、葱白即可。

小贴士 Tips

➕ 如果家里有人感冒了，还不停咳嗽，那么正好可以试试这道汤品。杏仁蜜枣瘦肉汤的主要功效就是清肺化痰，还能增加体力，起到辅助治疗的作用。

食材特点 Characteristics

百合：对秋季气候干燥引起的多种季节性疾病均有一定的防治作用。中医认为，百合具有养心安神、润肺止咳的功效。

猪肉：具有补虚强身、滋阴润燥、丰肌泽肤的作用。但对于肥肉及猪油，高血压、中风患者及身体虚肥、痰湿体质者应慎食或少食。

"煲"出爱你的心：
四宝汤

北方人喜欢说"熬汤"，而南方人则爱称"煲汤"。"煲"蕴含了更多的情感和温存。精心地选取食材，仔细地准备，放入锅中慢慢熬制，不时品尝，然后调试出他最喜欢的味道，最后呈现到对方面前。看着他慢慢喝下去，感受你的爱意和体贴，也许这就是"煲"的真谛，即"用温暖的火焰保护着爱人的心"。

材料 Ingredient

蛤蜊	200克
猪肉片	200克
白萝卜	300克
金针菇	适量
干香菇	2朵
鸽蛋	50克
高汤	500毫升

调料 Seasoning

盐	1小匙
白糖	1/4小匙

做法 Recipe

❶ 将白萝卜去皮，洗净，切成长方块，备用。

❷ 将金针菇去蒂头，洗净；蛤蜊洗净，放入沸水中焯烫，捞出剥开留汁；干香菇洗净，去蒂，备用。

❸ 将猪肉片冲水洗净，备用；鸽蛋洗净，备用。

❹ 取一电饭锅的内锅，将所有材料和调料一起放入其中。

❺ 将内锅放入外锅，盖上锅盖，按下开关，煮至开关跳起即可。

小贴士 Tips

✚ 金针菇能促进人体新陈代谢，有利于食物中各种营养素的吸收和利用，对生长发育大有益处；金针菇的含锌量比较高，对儿童的身高增长和智力发育有良好的作用。鸽蛋和蛤蜊也是高蛋白的食物。所以本汤品非常适合孩子食用。

食材特点 Characteristics

鸽蛋：典型的高蛋白、低脂肪食物，能够增强人体免疫力和造血功能，对手术后的伤口愈合、产后恢复调理、儿童发育成长均具有显著功效。

白糖：主要分为两大类，即白砂糖和绵白糖。西餐使用较多的是白砂糖，绵白糖则主要在中华饮食文化圈内的国家或地区使用较多。

营养美味1+1：
蛤蜊鸡汤

　　"苦夏"是一年中最难熬的季节，烦躁、没胃口，各种不适接踵而来。而此时的蛤蜊却最是肥美，新鲜的蛤蜊和鸡肉一起熬制，当"海味"和"鲜味"完美结合，好味道自然不可抵挡。夏日的傍晚，感受着徐风习习，望着天空中的繁星点点，再低头喝碗鲜汤，慢慢品尝经过鸡汤"洗礼"后的蛤蜊，一日的疲劳早已被味蕾的满足所取代。

材料 Ingredient

鸡肉	500克
蛤蜊	300克
葱段	20克
姜片	20克
热水	700毫升

调料 Seasoning

盐	1/4小匙
米酒	适量

做法 Recipe

❶ 将蛤蜊泡水吐沙，洗净，备用。

❷ 将鸡肉洗净，剁块，放入加了米酒和姜片（分量外）的沸水中焯烫，捞出洗净。

❸ 取一电饭锅的内锅，放入鸡块、姜片，倒入热水；将内锅放入外锅，按下开关，煮至开关跳起。

❹ 加入蛤蜊和葱段，外锅中加入1杯水（材料外），盖上锅盖，按下开关，煮至开关再次跳起，最后加盐调味即可。

小贴士 Tips

➕ 此汤味道鲜美，适合家人一起食用。如果嫌不够味，还可以加入少许枸杞子、草菇和料酒一起炖，可在原有味道的基础上增加更多的味觉层次。

➕ 如果有条件，也可以将一般的鸡肉换成土鸡或者散养的鸡，这样味道会更加鲜美。

食材特点 Characteristics

鸡肉：蛋白质的含量比例较高，而且消化率高，很容易被人体吸收利用，有增强体力、强壮身体的作用。

葱：富含多种维生素和矿物质。其所含的苹果酸和磷酸糖能改善血液循环，所以常吃葱可减少胆固醇在血管壁上的堆积。

古田草根汤：
竹荪干贝鸡汤

　　古田县位于福建省东北部，古田溪穿城而过，从唐代开始建县，距今已有上千年历史。古田县依山傍水，东有"八闽第一湖"之称的翠屏湖，西邻仙山牧场，南有临水宫，北挨溪山书画院。南方人爱喝汤，而古田人尤甚。古田素有"食用菌之乡"，竹荪更是那里的特产，将新鲜的竹荪辅以鸡肉炖汤，再用干贝提鲜，是古田人家世代相传的美味。

材料 Ingredient

土鸡肉	600克
竹荪	15克
干贝	5个
米酒	80毫升
葱段	20克
姜片	10克
热水	850毫升

调料 Seasoning

盐	1/4小匙

做法 Recipe

❶ 将竹荪洗净，用清水泡至软化，捞出洗净，再用剪刀把蒂头剪除，切段备用。

❷ 将干贝洗净，用米酒浸泡至软化。

❸ 将土鸡肉切成大块；取一锅，倒入水（材料外），再加入少许米酒和葱段，煮沸；放入土鸡块焯烫，捞出洗净。

❹ 取一电饭锅的内锅，将土鸡块和竹荪放入其中；再放入姜片，倒入热水；最后放入干贝和剩下的米酒。

❺ 将内锅放入外锅，外锅中倒入2杯水（材料外），盖上盖子，按下开关，煮至开关跳起，加盐调味即可。

小贴士 Tips

➕ 竹荪有特殊的气味，浸泡过程中可以多换几次水，将气味尽量冲淡。

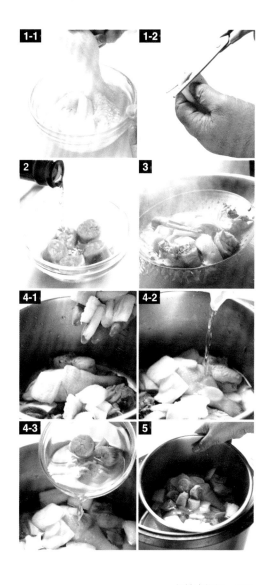

爱人的呵护：
芥菜干贝鸡汤

　　喜欢看你微微上扬的嘴角和阳光下那精致的脸庞，只是每当看到夕阳下你疲惫的身影总是心疼，突然想为你煲一碗暖身又暖心的好汤。古人称赞干贝"食后三日，犹觉鸡虾乏味"，可见其鲜美；配以通肺豁痰、利膈开胃的芥菜煲汤，最适合给亲爱的人喝。原来最浪漫的事不是陪你看夕阳，而是下班回家有人为你端上一碗爱心鸡汤。

材料 Ingredient		调料 Seasoning	
全鸡腿	1只	盐	1/4小匙
（约650克）			
干贝	5个		
米酒	100毫升		
芥菜	350克		
葱段	15克		
姜片	15克		
热水	600毫升		

做法 Recipe

❶ 将干贝洗净，用米酒浸泡30分钟至软化，备用。

❷ 将芥菜洗净，放入沸水中焯烫去除涩味，捞出，沥干水分。

❸ 取一锅，放入适量水（材料外）、少许米酒和葱段，煮沸；放入全鸡腿焯烫，捞出洗净。

❹ 取一电饭锅的内锅，将全鸡腿和芥菜放入其中；然后倒入热水，再放入姜片、干贝和剩余的米酒。

❺ 将内锅放入外锅中，外锅中倒入1.5杯水（材料外）。

❻ 盖下盖子，按下开关，煮至开关跳起，加入盐调味，再闷10分钟即可。

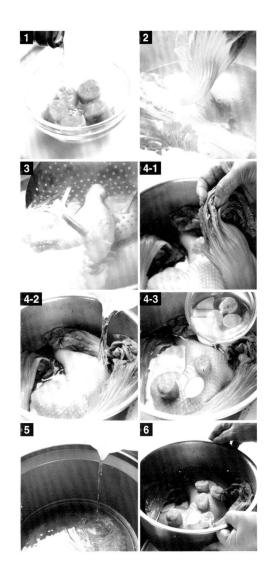

姜母鸭汤

姜母鸭汤起源于福建泉州，后流传到闽南及我国台湾地区，是一款地地道道的传统汤品。它滋而不腻、温而不燥，深受人们的喜爱。姜母鸭汤，可能许多人会误以为是用姜来煲母鸭，其实不然，姜母煲鸭才是真意。姜母是客家人对老姜的一种称谓，它有很强的驱寒效果。数九寒天，一家人围在炉火旁喝上一碗姜母鸭汤，其乐融融，美哉美哉。

材料 Ingredient

鸭肉	900克
老姜	80克
圆白菜	200克
金针菇	40克
鸿禧菇	40克
蟹味菇	40克
米酒	100毫升
水	1500毫升

调料 Seasoning

盐	1/2小匙
香油	3大匙

做法 Recipe

1. 将鸭肉洗净，剁块；老姜洗净，拍扁；圆白菜洗净，切丝；将金针菇、鸿禧菇和蟹味菇均去蒂头，洗净备用。

2. 将鸭块放入沸水中焯烫，捞出沥干，备用。

3. 热一锅，放入香油和老姜爆香，倒入水，煮沸后再倒入米酒。

4. 取一电饭锅的内锅，将做法3中的材料、鸭块、圆白菜丝和各种菇类倒入其中，再将内锅放入外锅中，按下开关，煮至开关跳起，加入盐，再焖10分钟即可。

小贴士 Tips

+ 如果觉得油腻，可以事先将鸭皮去掉。

+ 制作本品时，还可以加入红枣，只不过事先要将红枣去核，因为红枣的核会使人燥热。

食材特点 Characteristics

鸿禧菇：富含多醣体、膳食纤维和B族维生素，还有低脂肪、低热量的优点。鸿禧菇口感甘脆细致，煮汤、火锅、油炸或炒、烩皆宜。

香油：是从芝麻中提炼出来的，具有特别的香味，故称为香油，含人体必需的不饱和脂肪酸和氨基酸，以及丰富的维生素和矿物质。

地道海派西餐：
罗宋汤

这道酸甜可口、浓郁鲜香的西式汤品，有着十足的海派风味。它最早起源于乌克兰的浓菜汤，随着俄国十月革命传入中国，在俄国人开的第一家上海西餐厅中，它辣中带酸、酸甚于甜的口味颇显另类，但很快就被热情开放的上海食客接受并加以改良，成为地道的海派西餐品。岁月如梭，美味不改，非常值得一尝。

材料 Ingredient

牛肋条	200克
胡萝卜	200克
圆白菜	200克
西红柿	2个
芹菜	30克
高汤	500毫升

调料 Seasoning

盐	1小匙
白糖	1/4小匙
番茄酱	3大匙

做法 Recipe

1 将胡萝卜洗净，去皮，切滚刀块备用。

2 将圆白菜洗净，切片；芹菜洗净，切小段；西红柿洗净，切块备用。

3 将牛肋条冲水洗净，切块备用。

4 将以上所有材料、高汤和调料一起放入电饭锅中。

5 盖上锅盖、按下开关，煮至开关跳起即可。

小贴士 Tips

+ 如果希望罗宋汤里的圆白菜口感脆一些，就要在快起锅前放入，这样圆白菜就可以保持脆爽的口感和特有的蔬菜芳香。

+ 如果怕牛肋条炖得不烂，也可以事先用高压锅炖煮一下。

+ 此汤一般人群均可食用，但需注意的是，高胆固醇患者应忌食，有皮肤瘙痒、胃病的患者应少吃。

食材特点 Characteristics

牛肋条：是牛肋骨部位的条状肉。好的牛肋条肉瘦肉较多，脂肪较少，筋也较少，适合红烧或炖汤，也可以做烤肉吃，适合多种做法。牛肋条有补中益气、滋养脾胃的功效，尤其适合冬天食用，补益效果更佳；牛肋条还能强健筋骨、化痰熄风、止渴止涎。所以，牛肋条很适合气短体虚、筋骨酸软及贫血久病、面黄目眩的人士食用。

江上往来人，但爱鲈鱼美：
萝卜丝鲈鱼汤

初识鲈鱼，是因为范仲淹的诗句："江上往来人，但爱鲈鱼美。君看一叶舟，出没风波里。"想来，鲈鱼是最为鲜美的，让所有江上之人念念不忘。一次偶然的机会品尝了地道的萝卜丝鲈鱼汤，更是被其鲜美、细腻的口感所折服。终于明白，为什么范大诗人会因为一条小小的鲈鱼而作诗一首，并且被后人广为流传，千古流芳。

材料 Ingredient

鲈鱼	1条
	（约500克）
白萝卜	400克
枸杞子	3克
姜丝	10克
水	400毫升

调料 Seasoning

米酒	30毫升
盐	1/2小匙

做法 Recipe

❶ 剪去鲈鱼的鱼鳍后，去内脏，洗净，切成3大块；将白萝卜去皮，洗净，切丝，放入电饭锅中。

❷ 煮一锅水，水沸后将鲈鱼块下锅焯烫5秒钟，然后立即取出洗净。

❸ 将鲈鱼块放入电饭锅中，倒入水，放入枸杞子、姜丝和米酒。

❹ 盖上锅盖，按下开关，待开关跳起后，加盐调味即可。

小贴士 Tips

➕ 鲈鱼的品种很多，如黄鲈、白鲈和湖鲈等。鲈鱼体侧偏，嘴大、背厚、鳞小，栖于近海，冬季会洄游到淡水中，性凶猛，以小鱼虾等为食。鲈鱼的肉呈白色，肉质细嫩而刺少，口感爽滑、鲜味突出。

➕ 铜是维持人体神经系统正常功能的重要物质，而鲈鱼血中就含有较多的铜元素，所以铜元素缺乏者可多食用鲈鱼。

食材特点 Characteristics

枸杞子：富含胡萝卜素、多种维生素和钙、铁等使眼睛健康的必需营养物质，故有明目的功效。对肝血不足、肾阴亏虚引起的视物昏花和夜盲症有一定作用。

"文人"傲骨：
山药枸杞鲈鱼汤

在所有新鲜美味的食材中，鲈鱼大概是最具文人气息的了。西晋人张翰在洛阳为官，秋风起时，不由思及家乡莼菜羹和鲈鱼脍，毅然辞官归乡。如此"任性冲动"，却又率真不羁，"莼鲈之思"让这个原本简单的河鲜美味悠然而成文人彰显傲人风骨的美谈。用这样的"傲骨"配以滋补的山药、枸杞子，想来就是一道不可多得的佳肴。

材料 Ingredient

鲈鱼	700克
山药	200克
枸杞子	10克
姜丝	10克
水	800毫升

调料 Seasoning

盐	1小匙
米酒	30毫升

做法 Recipe

① 将鲈鱼切块，洗净，备用；将山药去皮，洗净，切小块，备用。

② 将枸杞子用清水略冲洗，备用。

③ 将鲈鱼块、山药块、枸杞子、姜丝和米酒一起放入电饭锅中，盖上锅盖，按下开关，待开关跳起，加盐调味即可。

筋骨舒活一碗汤：
当归杜仲鲈鱼汤

　　这道当归杜仲鲈鱼汤实乃上佳营养美味。淡淡的一丝中药气味遮盖了鲈鱼腥气，鲜美的鱼肉入水熬煮又使中药材的功效发挥到最佳，其汤汁虽清澈，但鲜香浓郁滋味不减。杜仲能补肝肾、强筋骨，当归可补气血、通经络，要舒活筋骨，自然非这款汤品莫属了。

材料 Ingredient

鲈鱼	1条
当归	8克
杜仲	8克
老姜片	适量
枸杞子	适量
水	1500毫升

调料 Seasoning

米酒	适量
盐	适量

做法 Recipe

❶ 将鲈鱼去鳞、去内脏，洗净，切成5段，备用。

❷ 将当归、枸杞子、杜仲用清水略冲洗，备用。

❸ 取一电饭锅的内锅，倒入水，放入鲈鱼段、当归、杜仲、枸杞子、老姜片和米酒。

❹ 将内锅放入外锅中，盖上锅盖，按下开关，煮至开关跳起，最后加盐调味即可。

淮扬名品：

火腿冬瓜夹汤

　　既有"色相"，又有"才气"的冬瓜火腿夹汤，足可令人拍案叫绝。如果再告诉你一些它难能可贵的优点，想必你也会像我一样爱上它。这道淮扬菜系中的传统名菜，用火腿的咸香搭配冬瓜的清甜，互补相依，能养胃生津、祛火泽肌，可谓滋补鲜美之经典。电锅熬煮，十几分钟快手而出，更可媲美老火靓汤，自然不可错过。

材料 Ingredient

火腿	100克
冬瓜	500克
姜片	15克
水	800毫升

调料 Seasoning

盐	1/2小匙
鸡粉	1/4小匙
米酒	20毫升

做法 Recipe

❶ 将冬瓜去皮、去籽后洗净，切成长方形厚片，再将厚片中间横切但不切断，切成蝴蝶片；火腿切薄片，备用。

❷ 将冬瓜、火腿一起放入沸水中焯烫10秒后，立即取出洗净。

❸ 将火腿片夹入冬瓜片中，与姜片一起放入大碗里，再倒入水和米酒。

❹ 将碗置于电饭锅中的蒸架上。

❺ 盖上锅盖，按下开关，蒸至开关跳起后，加入盐和鸡粉调味即可。

小贴士 Tips

✚ 可将冬瓜切成6.5厘米长、3.5厘米宽、1厘米厚的片，然后将火腿切成与冬瓜大小相同的薄片。

✚ 此汤品具有健脾开胃的功效，非常适合在夏、秋两季食用。

食材特点 Characteristics

火腿：是指腌制或熏制的猪腿，要经过盐渍、烟熏、发酵和干燥等一系列工艺处理才能得到。火腿原产于浙江金华，现代则以浙江金华、江苏如皋、江西安福和云南宣威出产的火腿最为有名。火腿一般人群均可食用，尤其适宜气血不足、胃口不开、体质虚弱、腰脚无力者食用。

来自淮南的传说:
红烧牛肉汤

在淮南，红烧牛肉汤可谓闻名遐迩，甚至已经成为淮南的一张城市名片。而有关淮南牛肉汤的传说更是由来已久。相传五代十国时期，赵匡胤攻打淮南寿春屡攻不下，渐渐粮草耗尽。当地百姓纷纷宰杀自家耕牛，熬成大锅肉汤送入军中。官兵喝了之后士气大振，一举破城。从此以后，淮南红烧牛肉汤又被称为"神汤"。

材料 Ingredient

牛肋条	300克
白萝卜	100克
胡萝卜	60克
葱	2根
姜	30克
蒜	3瓣
八角	4颗
花椒	1/2小匙
桂皮	适量
水	800毫升

调料 Seasoning

豆瓣酱	1小匙
米酒	1大匙
盐	1/2小匙
白糖	1/2小匙
酱油	1小匙

做法 Recipe

❶ 将胡萝卜、白萝卜均洗净，切块，放入沸水中焯烫，捞出备用；将八角、花椒、桂皮用棉布袋包起，备用。

❷ 将葱洗净，1根切花，另1根切段；姜去皮，洗净切末；蒜去皮，洗净拍碎备用。

❸ 将牛肋条切块，放入沸水中焯烫，捞出冲凉备用。

❹ 热锅加适量色拉油，放入葱段、姜末、蒜碎，用小火炒1分钟，加入牛肋条块、豆瓣酱炒2分钟，加入所有萝卜块和米酒略炒。

❺ 将做法4的全部材料、水、盐、白糖，以及棉布袋全部放入电饭锅中，按下开关，煮至开关跳起，加入酱油，捞掉浮油、棉布袋，撒上葱花即可。

小贴士 Tips

➕ 制作过程中，需要用油将葱段、姜末和蒜碎爆香，这样香气才够；炒制时应用小火，以免食材变焦。

食材特点 Characteristics

花椒：能促进唾液分泌，增加食欲；还能使血管扩张，从而起到降低血压的作用。一般人群均能食用，但孕妇、阴虚火旺者须忌食。

酱油：主要是由大豆、小麦、盐等经过制油、发酵等程序酿制而成。一般有老抽和生抽两种：生抽较咸，用于提鲜；老抽较淡，用于提色。

十全大补汤：
药膳羊排汤

"最是那浓墨重彩的一笔惹人爱怜，鲜香浓郁，十全滋补"，如此形容这道药膳羊排汤再恰当不过了。材料中的各类中药材，其滋补功效可谓从头武装到脚，补肾养血、温经散寒、健脾强身，面面俱到。如此功效强大的汤品自然也最挑饮用之时和食用之人。冬季，体虚者进补最为适宜，但有上火、发热、高血压、肠胃不调者千万要敬而远之。

材料 Ingredient

羊排骨	600克
当归	10克
川芎	10克
黄芪	15克
熟地	1片
陈皮	10克
桂皮	5克
肉桂	5克
枸杞子	10克
姜片	10克
米酒	500毫升
水	1300毫升

调料 Seasoning

香油	3大匙
盐	适量

做法 Recipe

❶ 将羊排骨洗净，剁块，放入沸水中焯烫出血水，捞起，以冷水冲净；将所有药材以冷水略冲洗以去除杂质，备用。

❷ 热一锅，放入香油、姜片爆香后，放入羊排骨块炒香，再倒入米酒翻炒至入味。

❸ 取一电锅的内锅，将除枸杞子外的所有药材全部放入锅内，倒入水；按下开关，煮至沸腾。

❹ 将做法2中的羊排骨块倒入电锅中，按下开关煮至跳起，再闷15分钟，开盖放入枸杞子，最后加盐调味即可。

小贴士 Tips

➕ 羊肉属大热之物，凡有发热、牙痛、口舌生疮、咳吐黄痰等上火症状者均不宜食用；患有肝病、高血压、急性肠炎或其他感染性疾病者，也不宜食用。

食材特点 Characteristics

黄芪：有增强机体免疫功能、保肝、利尿、抗衰老、降压和较广泛的抗菌作用，能增强心肌收缩力，调节血糖含量。

桂皮：因含有挥发油而香气馥郁，可为肉类菜肴祛腥解腻，还能激活脂肪细胞对胰岛素的反应能力，加快人体葡萄糖的代谢。

香软黄金汤：
南瓜排骨汤

南瓜又名"金瓜"，不只因为颜色金黄，其丰富的营养和药用价值也是其金贵之处。用南瓜和排骨一起炖汤就是不错的搭配，南瓜的细软突显出排骨的嫩滑，排骨的浓香又映衬着南瓜的清甜。望着这一道黄澄澄、金灿灿的秀色大餐，怎能不叫人拍手称赞，想必那自诩不食人间烟火的神仙，也免不了垂涎三尺！

材料 Ingredient

羊腩排	200克
南瓜	100克
姜片	15克
葱白	2根
水	800毫升

调料 Seasoning

盐	1/2茶匙
鸡精	1/2茶匙
绍酒	1茶匙

做法 Recipe

1. 将羊腩排剁小块，放入沸水中焯烫去血水，捞出洗净，备用。
2. 将南瓜洗净，去皮，切块，焯烫后沥干，备用。
3. 将姜片和葱白用牙签串起，备用。
4. 取一内锅，放入羊腩排块、南瓜块、姜片葱白串，再加入水及所有调料。
5. 将内锅放入电饭锅里，外锅加入1杯水（分量外），盖上锅盖，按下开关，煮至开关跳起，捞除姜片葱白串即可。

小贴士 Tips

+ 煮汤的水要一次性加够，中途不宜加水。

食材特点 Characteristics

羊腩排：对应的大致是猪的五花肉。较猪肉而言，其肉质要更细嫩；较牛肉而言，其脂肪、胆固醇含量要更少。冬季食用，可收到进补和防寒的双重效果。

葱白：是葱近根部的鳞茎，具有发汗解表、通达阳气的功效，主要用于外感风寒、阴寒内盛、厥逆、腹泻等症，外敷还能治疗疮痈疔毒。

天使魔鬼都爱它：
澳门大骨煲

　　想同时拥有天使的面孔和魔鬼的身材吗？这道澳门大骨煲可帮助你满足心愿。经过熬制的猪筒骨释放出丰富的骨胶原小分子蛋白，经常饮用这款汤品，不仅能够增加皮肤的弹性和水润度，还能填补乳房细胞，让胸部丰满紧实。赶上相好的姐妹聚会，你不妨私下给她们分享这道"变美神汤"，看看有多少人已在偷偷食用这个美丽良方！

材料 Ingredient

猪筒骨	3根
猪排骨	200克
（五花骨）	
胡萝卜	50克
白萝卜	80克
玉米	1根
老姜	20克
葱	1根
水	800毫升

调料 Seasoning

盐	1.5小匙

做法 Recipe

❶ 将猪筒骨、猪排骨均剁块，然后一起放入滚水中焯烫，捞出洗净备用。

❷ 将胡萝卜、白萝卜均洗净，去皮，切滚刀块；玉米洗净，切小段，放入滚水中氽烫，捞出备用。

❸ 将老姜洗净，去皮，切片；葱洗净，去头部，切段备用。

❹ 热一锅，加适量色拉油，放入老姜片、氽过水的猪筒骨和排骨，用小火炒3分钟，盛出备用。

❺ 将猪筒骨、排骨、胡萝卜块、白萝卜块、玉米段、葱段、水和盐放入电锅的内锅中，外锅加2杯水（分量外），按下开关，煮至开关跳起，揭开锅盖捞出葱段即可。

小贴士 Tips

➕ 将本品盛入盘中后，也可依个人喜好撒入些香菜和圣女果作装饰。

食材特点 Characteristics

猪筒骨：一般是指猪后腿的腿骨，骨头比较粗大，中间有洞，可以容纳骨髓。猪筒骨含有较高的蛋白质、微量元素和维生素，能增强体质。

胡萝卜：有治疗夜盲症、保护呼吸道和促进儿童生长等功效。此外，胡萝卜还含有较多的钙、磷、铁等矿物质。

排毒养颜佳品：
莲藕排骨汤

中医认为，藕生食能凉血散瘀，熟食能补心益肾，是不可多得的滋补佳珍。对于爱美人士来说，藕的可贵之处还在于能帮助排泄体内的废物和毒素，具有延缓衰老和滋润皮肤之功效。当香脆可口的莲藕碰上鲜香浓郁的排骨，那混合的芬芳将一边带你陷入"接天莲叶无穷碧"的遐想，一边为你注入"映日荷花别样红"般的能量。

材料 Ingredient

猪腩排	200克
莲藕	100克
陈皮	1片
姜片	10克
葱白	2根
水	800毫升

调料 Seasoning

盐	1/2茶匙
鸡精	1/2茶匙
绍酒	1茶匙

做法 Recipe

❶ 将猪腩排剁小块，用沸水氽烫，捞出洗净，备用。

❷ 将莲藕去皮，切块，焯烫，沥干；陈皮用水泡软，除去内部白膜，备用。

❸ 将姜片和葱白用牙签串起，备用。

❹ 取一电饭锅，在内锅中放入猪腩排、莲藕、陈皮、姜片和葱白，再加入水及所有调料。

❺ 将内锅放入电饭锅里，外锅加入1杯水（分量外），盖上锅盖，按下开关，煮至开关跳起后，捞出姜片、葱白即可。

小贴士 Tips

➕ 煲汤时鸡精不用放太多，因为排骨本身的味道就很鲜美了。

食材特点 Characteristics

莲藕：含丰富的维生素C及矿物质，不仅对心脏有益，还有促进新陈代谢、防止皮肤粗糙、增强人体免疫力的功效。

陈皮：具有行气健脾、降逆止呕、燥湿化痰的功效，可用于治疗胃部胀满、嗳气、消化不良、食欲不振、咳嗽多痰等症状。

平民人参汤：
红白萝卜排骨汤

　　俗话说"萝卜就茶水，气歪大夫半个嘴"，可见萝卜的健体之妙深得人心。事实也是如此，萝卜补气健胃，富含丰富的维生素和膳食纤维，甚至被冠以"平民人参"的美誉。用萝卜炖煮肉骨汤，是最经典的吃法之一。萝卜吸收了肉骨的鲜香，变得软烂易食，汤汁浓缩了萝卜的精华，更具养生之效，实在是家常必备的营养美味汤。

材料 Ingredient

猪腩排	200克
白萝卜	80克
胡萝卜	50克
蜜枣	1颗
陈皮	1片
罗汉果	1/4个
南杏仁	1茶匙
姜片	15克
葱白	2根
水	800毫升

调料 Seasoning

盐	1/2茶匙
鸡精	1/2茶匙
绍酒	1茶匙

做法 Recipe

1. 将蜜枣洗净；陈皮泡水至软，除去白膜；南杏仁泡水8小时；罗汉果去壳，备用。

2. 将猪腩排剁小块，焯烫，洗净，备用。

3. 将胡萝卜、白萝卜均洗净，去皮，切滚刀块，焯烫后沥干，备用。

4. 取一电饭锅的内锅，放入做法1、做法2、做法3中的所有材料，再放入姜片、葱白、水和所有调料。

5. 将内锅放入电饭锅里，外锅加入1杯水（分量外），盖上锅盖，按下开关，煮至开关跳起后，捞出姜片、葱白即可。

小贴士 Tips

+ 有人认为"白萝卜和胡萝卜不能一起吃"，理由是白萝卜富含的维生素C会被胡萝卜含有的维生素C分解酶破坏掉。实际上，维生素C的分解酶比维生素C要不耐热得多，在沸水中，还没等它去破坏维生素C，自己就已经先被破坏掉了。所以，二者是完全可以一起食用的。

食材特点 Characteristics

罗汉果：别名拉汗果等，含丰富的维生素C，有抗衰老、抗癌及益肤美容作用；还有降血脂及减肥作用，可辅助治疗高脂血症。

南杏仁：又名甜杏仁、南杏，专供食用，外形似苦杏仁而稍大。含丰富的蛋白质、植物脂肪等，有润燥补肺、滋养肌肤的作用。

爱是合家欢乐：
草菇排骨汤

　　因特有的浓香，菌菇在中西餐里都是上好的煲汤食材。其中，草菇作为中国土生土长的"国民之菇"，在家宴中配肉炖汤尤为惯常。当草菇的鲜香刚刚出炉，微微入鼻，排骨的浓郁紧随其后，飘香四溢，两种气息混合纠缠，时而弥漫在你的眼前，时而萦绕在我的唇边，唯一不变的，是美味背后的爱意沉沉，和家人之间的情意绵绵。

材料 Ingredient

猪排骨酥	300克
罐装草菇	300克
香菜	适量
高汤	1200毫升

调料 Seasoning

盐	1/2小匙
鸡精	1/4小匙

做法 Recipe

❶ 打开草菇罐头，取出草菇，放入沸水中焯烫以去除罐头味，捞出洗净，沥干备用。

❷ 取一电饭锅内锅，放入猪排骨酥和草菇，倒入高汤。

❸ 将内锅放入电饭锅中，外锅中加2杯水（材料外），盖上锅盖，按下开关，待开关跳起，放入盐和鸡精拌匀，撒上香菜即可。

贵族的菌王宴：
松茸排骨汤

　　松茸是一种珍稀名贵的食用菌类，被誉为"菌中之王"。研究证明，松茸不仅营养丰富，还含有独一无二的抗癌物质——松茸醇。如果你有幸品尝这名贵的食材，可切莫怠慢了它，请认真细细品味，当润滑的口感牵动唇齿，浓郁的鲜香扰动心房，你一定会由衷感叹——"菌王"之称实至名归！

材料 Ingredient

猪排骨	500克
松茸	100克
姜片	30克
水	1000毫升

调料 Seasoning

盐	2大匙
米酒	3大匙

做法 Recipe

❶ 将猪排骨洗净，切块，用开水焯烫；松茸洗净，备用。

❷ 取一内锅，加入姜片、排骨块、松茸和所有调料，再将内锅放入电饭锅中，外锅加1.5杯水（分量外），盖上锅盖，按下开关，蒸45分钟即可。

养颜益寿宝:

白果腐竹排骨汤

据说,已故老艺术家常香玉的保养秘方,是几十年如一日的日服五颗白果。白果又名"长寿果",不仅可以滋阴养颜抗衰老,还可促进血液循环,使人面色红润,是老幼皆宜的保健食品。将白果搭配高植物蛋白的腐竹同炖,汤汁浑白浓厚,气味自然清香,看上去虽然普通,长期饮用却有奇效,实在是百姓人家都吃得起的益寿佳品。

材料 Ingredient

猪腩排	200克
腐竹	30克
干白果	1大匙
姜片	10克
水	800毫升

调料 Seasoning

盐	1/2茶匙
鸡精	1/2茶匙
绍酒	1茶匙

做法 Recipe

1. 将腐竹、干白果洗净,分别泡水8小时后沥干;腐竹剪成5厘米长的段,备用。

2. 将猪腩排剁成小块,用开水焯烫,捞出洗净,备用。

3. 取一内锅,放入腩排块、腐竹段、白果,再加入姜片、水及所有调料。

4. 将内锅放入电饭锅里,外锅加入1杯水(分量外),盖上锅盖,按下开关,煮至开关跳起后,捞除姜片即可。

小贴士 Tips

+ 腐竹以色泽麦黄、略有光泽的为佳;质量较差的腐竹颜色多呈灰黄色、黄褐色,色彩较暗。好的腐竹,迎着光线能看到瘦肉状的、一丝一丝的纤维组织;质量差的则看不出。

食材特点 Characteristics

白果:是营养丰富的高级滋补品,含有粗蛋白、粗脂肪、还原糖、核蛋白、矿物质、粗纤维及多种维生素等成分。

腐竹:是将豆浆加热煮沸后,经过一段时间保温,表面形成一层薄膜,挑出后下垂成枝条状,再经干燥而成的,因其形类似竹枝而得名。

女性守护神汤：
花生米豆排骨汤

俗话说，"五谷杂粮壮身体"。其中最适合女人的，则非米豆和花生莫属。米豆脂肪含量低，吃得再多也不会发胖，其富含的维生素A与钾可润肤、抗氧化、抗衰老，有助于提升面色，使人精神焕发；而花生能补血益气。这一对"强强联合"的搭档，可谓全方位地呵护了女性健康，实在是各年龄阶段女人必备的饮食佳选。

材料 Ingredient

猪小排	200克
脱皮花生	2大匙
米豆	1大匙
红枣	5颗
姜片	10克
葱白	2根
水	800毫升

调料 Seasoning

盐	1/2茶匙
鸡精	1/2茶匙

做法 Recipe

1. 将花生、米豆均洗净，泡水8小时后沥干；将红枣洗净，备用。
2. 将猪小排剁成小块，用开水焯烫，捞出洗净，备用。
3. 将姜片、葱白用牙签串起，备用。
4. 取一内锅，放入小排块、花生、米豆、红枣及姜片葱白串，再加入水及所有调料。
5. 将内锅放入电饭锅里，外锅加入1杯水（分量外），盖上锅盖，按下开关，煮至开关跳起后，捞除姜片、葱白即可。

小贴士 Tips

+ 如果觉得米豆皮不好剥，可先将米豆泡水1小时左右，令其发胀，使豆皮和豆仁之间产生空隙，这样就很容易剥皮了。

食材特点 Characteristics

花生：具有很高的营养价值，含丰富的脂肪、蛋白质、矿物质，特别是含有人体必需的氨基酸，有促进脑细胞发育、增强记忆力的功能。

米豆：虽然长得像黄豆，但是两者的口感与特性却是不一样的。米豆煮后较松软，而黄豆较硬，而且米豆抗氧化、抗衰老的功效更好。

五谷为养：
糙米黑豆排骨汤

　　俗话说得好，"五谷杂粮多进口，大夫改行拿锄头"。由此可见，常吃粗粮对人体大有裨益。糙米黑豆排骨汤就是一道著名的养生食疗佳品。作为豆类的佼佼者，黑豆的蛋白质含量高、质量好，糙米富含丰富的维生素、矿物质及膳食纤维，二者混搭的汤方，滋阴补肾、补气益中，实在是"五谷养五脏"理论的最佳代表。

材料 Ingredient

糙米	600克
黑豆	200克
猪排骨	600克
水	1000毫升

调料 Seasoning

盐	2小匙
鸡精	1小匙
米酒	1小匙

做法 Recipe

① 将糙米与黑豆均洗净，然后将二者分别泡水，糙米要浸泡30分钟，黑豆要浸泡2小时。

② 将猪排骨剁成约4厘米长的段，用开水焯烫2分钟后捞起，用冷水冲洗去除肉上的杂质血污。

③ 取一内锅，将糙米、黑豆、排骨一起放入其中，倒入水。

④ 将内锅放入电饭锅中，外锅中加入2杯水（分量外），盖上锅盖，按下开关，待开关跳起。

⑤ 打开锅盖，将盐、鸡精、米酒等调料放入内锅中，外锅再加0.5杯水（分量外），再次按下开关，待开关跳起即可。

小贴士 Tips

✚ 也可将黑豆先用小火爆香，这样再煲汤的味道更好。

食材特点 Characteristics

糙米：是指去壳后仍保留些许稻米的外层组织的大米，如皮层、糊粉层和胚芽等，比白米更富含维生素、矿物质与膳食纤维。

黑豆：含有花青素，能清除体内自由基，尤其是在胃的酸性环境下，抗氧化效果更好，能滋阴、养颜美容，增加肠胃蠕动。

海中牛奶羹：
苦瓜牡蛎干排骨汤

海中牛奶羹：

牡蛎干由生牡蛎加工晒干而成，在保留自然风味的基础上，其味道经过浓缩变得更加香浓。尤其可贵的是，其钙含量接近牛奶的2倍，铁含量为牛奶的21倍，是健肤美容和防治疾病的珍贵食物。用牡蛎干熬制的汤品充满了浓郁的海味，其鲜美程度足以让人仿若置身海边，感受海风吹拂，聆听到海鸥鸣叫。一碗汤，便足以勾起你对海洋的向往。

材料 Ingredient

猪梅花排	200克
苦瓜	100克
牡蛎干	50克
姜片	15克
葱白	2根
水	800毫升

调料 Seasoning

盐	1/2茶匙
鸡精	1/2茶匙
绍酒	1茶匙

做法 Recipe

❶ 将猪梅花排剁小块，用开水焯烫，洗净；将姜片、葱白用牙签串起，备用。

❷ 将苦瓜洗净，剖开去籽、除去白膜，切块，焯烫后沥干，备用。

❸ 将牡蛎干洗净，备用。

❹ 取一内锅，放入梅花排、苦瓜、牡蛎干及姜片葱白串，再加入水和所有调料。

❺ 将内锅放入电饭锅里，外锅加入1杯水（分量外），盖上锅盖，按下开关，煮至开关跳起后，捞除姜片葱白串即可。

小贴士 Tips

➕ 此款汤品可用于风热感冒、早上起床口苦的人群食疗。

食材特点 Characteristics

牡蛎：又叫生蚝，有两个贝壳，一个小而平；另一个大而隆起，表面凹凸不平。牡蛎肉可供食用，还能用来提炼蚝油。牡蛎含18种氨基酸、肝糖原、B族维生素、牛磺酸以及钙、磷、铁、锌等营养成分，常吃可以提高人体免疫力。尤其是其所含的牛磺酸具有降血脂、降血压的功效。

清热、解毒、明目佳品:

苦瓜黄豆排骨汤

苦瓜黄豆排骨汤是一道著名药膳,既有苦瓜的苦甘,又不失黄豆的清润,具有清暑除热、明目解毒的功效,是民间夏日解暑的惯用汤饮,亦常用以治疗感暑烦渴、眼结膜炎等病症。夏日倦热之时,不妨试试这道黄绿相间的汤品,咕咚咕咚喝下一碗,让翠绿的苦瓜带给伏天一丝凉意,看嫩黄的大豆带给暑热天气一片清爽。

材料 Ingredient

猪小排	200克
苦瓜	100克
黄豆	30克
姜片	10克
葱白	2根
水	800毫升

调料 Seasoning

盐	1/2茶匙
鸡精	1/2茶匙
绍酒	1茶匙

做法 Recipe

❶ 将黄豆洗净,泡水8小时,捞出沥干,备用。

❷ 将猪小排剁块,用开水焯烫去除血水,捞出洗净;将姜片、葱白用牙签串起,备用。

❸ 将苦瓜洗净,剖开去籽、去除白膜,切块,用开水焯烫后捞出沥干,备用。

❹ 取一内锅,放入小排骨、黄豆、苦瓜块、姜片葱白串,再加入水和所有调料。

❺ 将内锅放入电饭锅中,外锅加入1杯水(分量外),盖上锅盖,按下开关,煮至开关跳起后,捞除姜片葱白串即可。

小贴士 Tips

➕ 盐和鸡精的用量可根据个人口味进行调整。

食材特点 Characteristics

黄豆:含有丰富的维生素和多种人体不能合成但又必需的氨基酸,常食黄豆,可以使皮肤细嫩、白皙、润泽,有效防止雀斑和皱纹的出现。但消化功能弱者慎食;患有严重肝病、肾病、痛风、消化性溃疡、低碘者忌食;患疮痘期间不宜吃黄豆及其制品。

王牌女人汤：
雪莲花排骨汤

　　或许是因为雪莲花天生神秘，不少人探寻一生都未曾见过它芳容的传说广为流传。其实，雪莲花不仅是难得一见的奇花异草，也是非常名贵的中药材，具有除寒痰、壮阳补血、暖宫散淤、治月经不调等功效。这道雪莲花炖排骨，可谓女人滋补的珍馐。勤劳善良的女人们，请在繁忙中勿忘对自己好一点，毕竟只有先关爱自己，才能更好地关爱家人。

材料 Ingredient

猪排骨	600克
雪莲花	1朵
姜片	10克
水	1200毫升

调料 Seasoning

盐	1.5茶匙
米酒	50毫升

做法 Recipe

① 将猪排骨剁块，放入沸水中焯烫去血水；将雪莲花稍微清洗，备用。

② 将所有材料与米酒放入电饭锅的内锅中，外锅加1杯水（分量外），盖上锅盖，按下开关，待开关跳起，续闷10分钟后，加入盐调味即可。

农家风情：
排骨玉米汤

北方农村的房梁边上，常会挂上一串串金灿灿的玉米，在阳光的照耀下，闪亮璀璨如珍宝一般。其实，玉米又何尝不是农家的宝贝，它含有丰富的维生素和膳食纤维，是人们不可或缺的美味主食之一。而玉米汤品不仅满足着人们果腹的需求，更彰显了秋收的喜悦，那香甜的芬芳仿佛在诉说着：天地人和万事兴，又是一个丰收年。

材料 Ingredient

猪排骨	600克
玉米	3根
水	1500毫升

调料 Seasoning

盐	1/3大匙
紫鱼味精	1/3大匙
香油	适量

做法 Recipe

❶ 将猪排骨洗净，剁块，用开水焯烫去血水，捞起洗净，沥干备用；将玉米洗净，切段备用。

❷ 将所有材料和调料一起放入电饭锅中，加热煮沸后改中火煮5~8分钟，加盖后熄火，再盛入保温焖烧锅中，焖2小时即可。

滋阴补气美容菜：
山药薏米炖排骨

　　大多补气的食物稍微多吃一些，火气就会加重；补阴的食物稍微多吃一些，湿气就会加重。山药这味食材则不同，它性平味甘，既能气阴双补，又不会上火助湿。如果再加以擅长祛湿气、消水肿的薏米辅佐，二者搭配的菜肴，不仅称得上是现代社会亚健康状态的对症药膳，也是追求皮肤紧致之爱美人士的养颜良方。

材料 Ingredient

猪排骨	600克
山药	50克
薏米	50克
红枣	10颗
姜片	10克
水	1200毫升

调料 Seasoning

盐	1.5茶匙
米酒	50毫升

做法 Recipe

❶ 将猪排骨剁块，放入开水中焯烫，捞出洗净，备用。

❷ 将山药去皮，切块，放入开水中焯烫，捞出备用；将薏米洗净，放入水中浸泡60分钟，备用；将红枣洗净，备用。

❸ 取一电饭锅的内锅，将排骨块、山药块、薏米、红枣、姜片、水和调料中的米酒一起放入其中。

❹ 将内锅放入电饭锅中，外锅加一杯水（分量外），盖上锅盖，按下开关，待开关跳起，续闷10分钟后，开盖加盐调味即可。

小贴士 Tips

➕ 切山药或者给山药削皮时，手上容易粘到黏液，先将山药放在开水中焯烫一下就可避免。

食材特点 Characteristics

山药：有滋养强壮、助消化、敛虚汗、止泻的功效，对脾虚腹泻、肺虚咳嗽、小便短频、遗精、消化不良等病症有一定的辅助治疗功效。

红枣：能促进白细胞的生成，降低血清胆固醇，保护肝脏；又富含钙和铁，对防治骨质疏松、产后贫血也有重要作用。

营养壮骨汤：

玉米鱼干排骨汤

众所周知，钙对人体具有重要作用，儿童骨骼发育需要钙，老人预防骨质疏松也需要钙。而小鱼干作为食材界的"高钙达人"，用来炖汤喝更加有益于吸收。不妨试试这道玉米鱼干排骨汤，鱼干的鲜美透着玉米的清甜，玉米的清甜又衬托出排骨的浓香，不仅这美味满足了一家老小的胃口，这营养更是呵护了全体家人的健康。

材料 Ingredient

猪梅花排（肩排）	200克
玉米	1根
胡萝卜	50克
小鱼干	15克
老姜片	10克
水	800毫升

调料 Seasoning

盐	1/2茶匙
鸡精	1/2茶匙
绍酒	1茶匙

做法 Recipe

1 将猪梅花排剁成小块，入沸水中焯烫，捞出洗净，备用。

2 将玉米切段，胡萝卜切滚刀块；再将二者分别洗净，用开水焯烫后沥干，备用。

3 将小鱼干略冲洗后沥干，备用。

4 取一内锅，放入梅花排、玉米段、胡萝卜块、小鱼干，再加入老姜片、水及所有调料。

5 将内锅放入电饭锅中，外锅加入1杯水（分量外），盖上锅盖，按下开关，煮至开关跳起后，捞除老姜片即可。

小贴士 Tips

+ 汤中加入小鱼干能增添风味，还能补充钙质。

+ 玉米要选择颗粒饱满的甜玉米，这样汤头会比较甜。

食材特点 Characteristics

鱼干：是指将新鲜鱼类经充分晒干而成，富含蛋白质，但如果食用过多，摄入的蛋白质超过了人体的利用能力，就会在体内形成氨、尿素等一系列代谢废物，增加肝肾的负担。而且，鱼干是一种热能较高的食品，吃多了也不利减肥。

最是奇香一缕:
大头菜排骨汤

　　大头菜也叫"疙瘩菜"，或许是因为由它腌制而成的咸菜声明远扬，使得人们常常忘记了它亦可被直接热熟而食。比如，与排骨同炖就是相当不错的搭配，大头菜的清脆可口还齿间未尽，排骨的滑韧鲜嫩已舌尖留香，不仅如此，大头菜独特的鲜香气味，还能增进食欲、帮助消化，直叫诸位食客沉醉于其中，欲罢不能。

材料 Ingredient

猪排骨	300克
大头菜	1/2个
老姜	30克
葱	1根
水	600毫升

调料 Seasoning

盐	1小匙

做法 Recipe

❶ 将猪排骨剁小块，入沸水中焯烫，捞出洗净，备用。

❷ 将大头菜洗净，去皮，切滚刀块，放入沸水中焯烫，然后捞出备用。

❸ 将老姜去皮，切片；葱取葱白洗净，备用。

❹ 取一内锅，将排骨块、大头菜块、老姜片、葱白、水和盐一起放入其中。

❺ 将内锅放入电饭锅中，外锅加1杯水（分量外），盖上锅盖，按下开关，煮至开关跳起，捞除葱白即可。

小贴士 Tips

➕ 大头菜如果保存不当很容易坏掉，可将叶和根茎切至2~3厘米长，用报纸分别包好，再放入冰箱的蔬菜冷藏区保存。

食材特点 Characteristics

大头菜：也称芜菁，东北人称卜留克，新疆人称恰玛古，其具有的肥大肉质根柔嫩、致密，可供炒食、煮食等。大头菜富含维生素A、叶酸、维生素C、维生素K和钙等，具有解毒消肿、下气消食、利尿除湿的功效，但心脑血管疾病患者不宜食用。

天然丰胸药：
青木瓜排骨汤

　　享有"果之珍品"美誉的木瓜，不仅口味香甜、营养丰富，还具有非常独特的刺激乳腺激素分泌的功能，既是促进产妇增乳的绝佳食材，也是最天然、最健康的丰胸美体圣品。爱美的你，不妨试试这道青木瓜炖的排骨汤，坚持经常食用，必定会收获意外的惊喜！

材料 Ingredient

猪腩排	200克
青木瓜	100克
姜片	10克
葱白	2根
水	800毫升

调料 Seasoning

盐	1/2茶匙
鸡精	1/2茶匙
绍酒	1茶匙

做法 Recipe

❶ 将猪腩排剁小块，入沸水中焯烫，捞出洗净，备用。

❷ 将青木瓜洗净，去皮，切块，焯烫后沥干，备用。

❸ 将姜片和葱白用牙签串起，备用。

❹ 取一内锅，放入腩排块、青木瓜块、姜片葱白串，再加入水及所有调料。

❺ 将内锅放入电饭锅中，外锅加入1杯水（分量外），盖上锅盖，按下开关，煮至开关跳起后，捞除姜片、葱白即可。

小贴士 Tips

➕ 可根据个人喜好加几枚红枣，这样能使汤品更好看，营养也更加丰富。

食材特点 Characteristics

青木瓜：因熟到快要掉地时外皮才黄，故名青木瓜。青木瓜成熟后黄皮红心，富含木瓜酵素、木瓜蛋白酶、凝乳蛋白酶、胡萝卜素以及17种以上氨基酸等营养元素。新鲜的青木瓜一般带有苦涩味，果浆味也比较浓，有助消化、润滑肌肤、分解体内脂肪、刺激女性荷尔蒙分泌、刺激乳腺激素等功效。

提神兴奋剂：
芥菜排骨汤

　　如果你浑身疲惫，急需提神醒脑，一杯咖啡又帮不了你，或许一碗芥菜汤能够拯救你。据研究，芥菜含有大量的抗坏血酸，能增加脑氧含量并提高利用率，对提神醒脑、解除疲劳有奇效。当腾腾热气扑面而来，请细细品味碧绿菜叶的入口丝滑吧，因为这美味将化作一股能量缓缓地流遍全身，激活每一个倦怠的细胞。

材料 Ingredient

猪小排	200克
芥菜心	100克
姜片	15克
水	800毫升

调料 Seasoning

盐	1/2茶匙
鸡精	1/2茶匙
绍酒	1茶匙

做法 Recipe

❶ 将猪小排剁块，放入沸水中焯烫，捞出洗净，备用。

❷ 将芥菜心削去老叶，切对半，洗净，焯烫后过冷水，备用。

❸ 取一内锅，放入小排骨块、芥菜心，再加入姜片、水及所有调料。

❹ 将内锅放入电饭锅中，外锅加入1杯水（分量外），盖上锅盖，按下开关，煮至开关跳起后，捞除姜片即可。

小贴士 Tips

➕ 挑选芥菜时，叶柄越肥厚越好，需注意叶柄是否有软化现象。

食材特点 Characteristics

芥菜：含有的大量抗坏血酸，是活性很强的还原物质，能增加大脑的含氧量，激发大脑对氧的利用，具有提神醒脑、解除疲劳的作用；因为芥菜组织较粗硬，富含胡萝卜素和膳食纤维，所以也有明目与宽肠通便的作用，可作为眼科患者的食疗佳品，还可防治便秘，尤其适合老年人及习惯性便秘者食用。

古韵客家风:
干豆角排骨汤

　　迁徙路上食物贫乏，加之崇尚节俭的生活习性，客家人常把吃不完的应季菜制成菜干，再保存起来慢慢吃。这种习惯经过长久发展，逐渐演变为客家人独特的腌食文化。干豆角就是当地常见的腌干食材之一，用它和排骨一起炖汤，当汤汁恢复了豆角的酥嫩口感，你一定会感慨客家人生活的智慧。

材料 Ingredient

干豆角	50克
猪排骨	300克
水	800毫升

调料 Seasoning

盐	适量

做法 Recipe

① 将干豆角泡水，洗净；将猪排骨斩块，用热开水焯烫，洗净，沥干备用。

② 取一内锅，放入排骨、干豆角和水。

③ 将内锅放入电饭锅中，外锅放1杯水（分量外），盖锅盖后按下开关，待开关跳起后，加盐调味即可。

菜之君子有道:

苦瓜排骨汤

　　常言道"良药苦口利于病"，或许这也暗示了苦味食材亦对人体有益。研究发现，含有特殊苦味的苦瓜就具有几十种保健功效，确实具有一般蔬菜无法比拟的神奇作用。与其食用保健药品，承担"是药三分毒"的风险，不妨多食用苦瓜等具有食疗功效的食物。无须担心的是，有"君子菜"雅称的苦瓜，从不会把苦味传给"别人"，食客们大可随意搭配食材，放心享用。

材料 Ingredient

苦瓜	1/2根
猪排骨	300克
小鱼干	10克
水	1000毫升

调料 Seasoning

盐	适量

做法 Recipe

❶ 将苦瓜洗净，去籽、去白膜，切段，备用。

❷ 将小鱼干泡水至软化，沥干；猪排骨切块，用热开水焯烫，洗净，沥干备用。

❸ 取一内锅，放入排骨块、苦瓜段、小鱼干和水。

❹ 将内锅放入电饭锅中，外锅放2杯水（分量外），盖上锅盖后按下开关，待开关跳起后，加盐调味即可。

美 食 菜 谱 / 中 医 理 疗
阅读图文之美 / 优享健康生活